【现代种植业实用技术系列】

香稻
优质高效绿色栽培技术

主　编　张效忠
副主编　台德卫
编写人员　张德文　陈　刚　张　伟　许有尊
　　　　　张从合　卢文轩　陈应南君　陈浩梁
　　　　　胡春艳　吴晨阳

时代出版传媒股份有限公司
安徽科学技术出版社

图书在版编目(CIP)数据

香稻优质高效绿色栽培技术 / 张效忠主编. --合肥：安徽科学技术出版社,2021.12
助力乡村振兴出版计划. 现代种植业实用技术系列
ISBN 978-7-5337-8537-6

Ⅰ.①香… Ⅱ.①张… Ⅲ.①水稻栽培-高效栽培-无污染技术 Ⅳ.①S511

中国版本图书馆CIP数据核字(2021)第262939号

香稻优质高效绿色栽培技术　　　　　　　　　　　主编　张效忠

出 版 人：丁凌云　选题策划：丁凌云　蒋贤骏　王筱文　责任编辑：张楚武
责任校对：程　苗　责任印制：梁东兵　　　　　　　　装帧设计：王　艳
出版发行：时代出版传媒股份有限公司　http://www.press-mart.com
　　　　　安徽科学技术出版社　　　　　http://www.ahstp.net
（合肥市政务文化新区翡翠路1118号出版传媒广场,邮编:230071）
　　　　　电话：(0551)63533330
印　　制：合肥华云印务有限责任公司　　电话：(0551)63418899
（如发现印装质量问题,影响阅读,请与印刷厂商联系调换）

开本：720×1010　1/16　　印张：7　　字数：78千
版次：2021年12月第1版　　2021年12月第1次印刷

ISBN 978-7-5337-8537-6　　　　　　　　　　　　　　定价：30.00元

版权所有，侵权必究

"助力乡村振兴出版计划"编委会

主 任
查结联

副主任
罗　平　卢仕仁　江　洪　夏　涛
徐义流　马占文　吴文胜　董　磊

委　员
马传喜　李泽福　李　红　操海群
莫国富　郭志学　李升和　郑　可
　　　　张克文　朱寒冬

【现代种植业实用技术系列】
（本系列主要由安徽省农业科学院组织编写）

总主编：徐义流
副总主编：李泽福　杨前进

出版说明

"助力乡村振兴出版计划"(以下简称"本计划")以习近平新时代中国特色社会主义思想为指导,是在全国脱贫攻坚目标任务完成并向全面推进乡村振兴转进的重要历史时刻,由中共安徽省委宣传部主持实施的一项重点出版项目。

本计划以服务区域乡村振兴事业为出版定位,围绕乡村产业振兴、人才振兴、文化振兴、生态振兴和组织振兴展开,由《现代种植业实用技术》《现代养殖业实用技术》《新型农民职业技能提升》《现代农业科技与管理》《现代乡村社会治理》五个子系列组成,主要内容涵盖特色养殖业和疾病防控技术、特色种植业及病虫害绿色防控技术、集体经济发展、休闲农业和乡村旅游融合发展、新型农业经营主体培育、农村环境生态化治理、农村基层党建等。选题组织力求满足乡村振兴实务需求,编写内容努力做到通俗易懂。

本计划的呈现形式是以图书为主的融媒体出版物。图书的主要读者对象是新型农民、县乡村基层干部、"三农"工作者。为扩大传播面、提高传播效率,与图书出版同步,配套制作了部分精品音视频,在每册图书封底放置二维码,供扫码使用,以适应广大农民朋友的移动阅读需求。

本计划的编写和出版,代表了当前农业科研成果转化和普及的新进展,凝聚了乡村社会治理研究者和实务者的集体智慧,在此谨向有关单位和个人致以衷心的感谢!

虽然我们始终秉持高水平策划、高质量编写的精品出版理念,但因水平所限仍会有诸多不足和错漏之处,敬请广大读者提出宝贵意见和建议,以便修订再版时改正。

本册编写说明

安徽省作为自古以来的水稻主产区之一，气候资源与水稻生产季节匹配度好，一直都是我国水稻优势产区。虽然我省水稻种植面积较大，且生产数量及商品价值都居全国前列，但是总体档次较低，无法全面实现水稻高质量发展的需要，也无法满足人们对优质稻米的需求。经过近几年的发展，安徽优质稻米生产比例已有较大增加，但是国标一级的优质稻种资源仍较为缺乏，尤其是具有香味的优质特种水稻资源匮泛，严重制约着我省优质香稻米特色产业的发展。因此，开展优质特色香米水稻种质资源创新研究，提升我省稻米质量，打造区域公共品牌是一项必不可少的非常重要的基础工作。

本书是我省有史以来专门介绍香稻品种各种不同栽培方式的比较系统而全面的第一本著作。由水稻专家、水产专家和植保专家共同完成的实用技术，本书共有五部分组成，分别介绍了香稻绿色高效机插秧栽培技术、香稻直播技术、香稻共育技术、香稻机收再生稻高效栽培技术、香稻轮作技术。愿意将此书作为我省优质香稻米事业继续发展的奠脚石。也期望我省优质香稻米事业在此基础上健康快速地向前发展。

安徽省农业科学院水稻研究所作为安徽省水稻种质资源收集单位，拥有众多的不同背景的香稻资源，尽快选育出具有香味的优质、高产、高效的水稻新品种在生产中推广应用，为农业增产，农民增收做贡献。同时通过进行香稻生态保香栽培技术研究，制定技术规程，进行相关人员培训，为农业发展提供技术支撑和咨询服务，实现良种良法配套。不仅应用前景广阔，同时提升安徽整体水稻生产种植水平和质量，打造安徽特有优质香稻品牌，创立具有安徽特色的区域公共品牌都具有重要意义。

目　录

第一章　香稻绿色高效机插秧栽培技术 …………… 1
  第一节　培育多蘖壮秧 ………………………… 1
  第二节　平整土地施基肥 ……………………… 9
  第三节　确保基本苗 …………………………… 11
  第四节　科学施肥 ……………………………… 17
  第五节　水浆管理 ……………………………… 18
  第六节　病虫草害绿色综合防控技术 ………… 23
  第七节　健康晾晒与贮藏加工 ………………… 49

第二章　香稻直播技术 ……………………………… 52
  第一节　直播技术 ……………………………… 52
  第二节　晒田时期和程度 ……………………… 57
  第三节　直播田杂草防除技术 ………………… 57

第三章　香稻共育技术 ……………………………… 60
  第一节　香稻鸭共育技术 ……………………… 60
  第二节　香稻虾共育技术 ……………………… 64
  第三节　香稻鱼共育技术 ……………………… 73
  第四节　香稻鳖共育技术 ……………………… 76
  第五节　香稻鳅共育技术 ……………………… 80

第四章　香稻机收再生稻丰产高效栽培技术 ……… 84
  第一节　头季稻管理 …………………………… 84

第二节　再生稻管理 …………………………………… 86

第五章　香稻轮作技术 ………………………………… 89
　第一节　香稻马铃薯栽培技术 ………………………… 89
　第二节　香稻烤烟栽培技术 …………………………… 94
　第三节　香稻蔬菜栽培技术 …………………………… 97

参考文献 ………………………………………………… 104

第一章 香稻绿色高效机插秧栽培技术

第一节 培育多蘖壮秧

农村俗话常讲：有钱买种，无钱买苗；肥田不如壮秧，秧好一半稻。这些都说明培育壮秧的重要性。

一、准备阶段

1. 秧床准备

依据不同育秧方式，进行秧床选择、培肥、苗床准备及管理，旱育秧、机插秧、抛秧均按旱育秧苗床要求进行。选择秧床地理位置，要求床面平坦、光线充足、灌溉方便、靠近大田、便于运输。

2. 床土配制

配制营养床土是为水稻秧苗健壮生长提供良好的土壤条件，包括取土、晾晒、粉碎、过筛、拌肥、消毒等工序。床土配制多使用碎土机、筛网和搅拌机等机械作业。

（1）取土。一般选用菜园土、稻田土等有机质含量较为丰富的土壤制作营养床土，不宜使用含沙量大、当季喷施过除草剂、荒草地的土壤。床土要进行破碎、培肥、调酸、消毒及过筛等。除去石子等杂物，达到过筛细土粒径不得大于5毫米，其中2～4毫米粒径应在60%以上，过筛时拌

旱秧壮秧剂,用量按照说明书要求使用。

床土集中堆闷起来(在室外的要盖上塑料布防止下雨淋湿床土),堆闷的细土含水量要适中(15%),要求达到手捏成团、落地即散。禁止未腐熟的农家肥及淤泥、尿素、碳铵等直接拌作底肥,以防肥害烧苗。

每亩(1亩≈666.7米^2)大田一般需备营养细土50~100千克,另备未培肥的过筛细土10~15千克作盖籽土。床土还可选用育苗基质或大田土与基质混合。基质育秧要先做育秧试验,防止未腐熟烧苗。大田土与基质混合比例为2:1。

(2)晾晒、粉碎和过筛。土壤采集后,将土运至晒场晒至土块表面发白,将其粉碎,并选用筛孔直径为5毫米的筛子进行筛选,去除石块等杂物以后,继续晾晒到含水率约为14%,将其储存在室内备用。

(3)消毒。床土消毒在播种洒水时进行。每四盘用"敌克松"2.5克,加水2.5千克,喷施床面,进行土壤消毒。在使用"敌克松"时,一定要注意避开阳光直射,以免降低药效,最好在傍晚太阳落山后喷施。

目前,种植大户绝大部分都使用水稻育秧基质,在选择商品育秧基质时要注意以下几点。一是要选择具有生产水稻育秧基质能力并通过行业认证的企业。二是主要技术指标的pH要在5.5~7、总孔隙度为50%~80%、水分≤30%、容重为0.6~0.9克/米^3、有机质≥40%、氮磷钾≥40%、粒径大小≤8毫米、水稻芽谷播后出苗率≥85%,金属限量指标应符合NY525的要求。各组份混合均匀,无霉变异味和结块。三是要选择消费者广泛信任的产品,技术服务做得好。

优质水稻育秧基质必须具备的特点:

一是质地通透。质地疏松,透气性好,利于水稻根强、根壮。插秧后返青快,早生快发,节省分蘖肥,有效促进水稻高产高效。

二是生物有机。加入功能菌群,要具有生物活性。育秧基质,无论是水稻专用还是供其他植物育秧,如果没有生物活性,很难育出好苗。

三是营养平衡。配备时添加纯有机肥料,依据实验数据,科学全面掌握营养平衡,多次混拌均匀,育苗使用时不需添加其他元素或调酸。平衡的营养使苗齐、苗壮、生长均匀、抗立枯病,成苗率高。

四是使用方便。不需要区分底土和盖土,开袋即用。

五是价格低廉。成品水稻育秧基质,每盘成本1元左右,价格容易接受。

3.如何选择水稻优良品种

如何选择水稻优良品种?老百姓喜欢的品种就是好品种,种粮大户一般要遵循以下几个原则:

(1)充分利用媒体选择水稻优良品种。多看新闻、微信、抖音、专业的QQ群等,充分了解品种名称、种植情况,特别是当地主管部门和科研教学单位发布的信息。利用互联网查看一下品种的来源、育种单位、特征特性、适宜地区和注意事项。

(2)实地观看了解水稻优良品种。多参加主管部门和科研单位以及周边县、市举办的现场观摩会,亲自下到田里,仔细观察秧苗抗倒伏性、株叶形态和病虫害情况,再与示范户多交流。重点了解品种的缺点。

(3)按承包田的实际情况选择水稻优良品种。要因地制宜,从当地的积温、水稻生育期、降水情况、栽培水平、土壤肥力、水资源情况、病虫害发生等多方面考虑来选择良种。

(4)按栽培模式需要选择水稻优良品种。机插秧应选择大穗型、分蘖力高、抗逆性强、丰产性好、米质优的水稻优良品种,特别注意直播时要首先考虑抗倒伏。

(5)从熟期实际情况选择水稻优良品种。注意抽穗扬花时的高温和安全抽穗期。每个气候带的水稻成熟期都不一致,农民朋友在选择水稻

品种时,一定要搞清楚该品种的成熟期,既不要过早熟品种,又不能选用超晚熟品种,应选择适应当地气候条件栽培的水稻品种。

(6)按具有"三证"的实际情况选择水稻优良品种。选择品种一定要合规合法,"三证"齐全即种子销售许可证、种子质量合格证和经营执照齐全。要选择已经审定推广的并符合国家标准的优良品种,即纯度100%、净度98%、发芽率95%,同时还要选择标准化和规范化良种,如良种包装、合格证、说明书、标签、名称、品种特性、适应范围、注意事项等。特色示范品种要追溯到育种单位和育种人,直接联系,实地考察了解品种的特征、特性。防止购买到假种子、劣种和不合格品种。试种新品种、新组合的示范面积控制在50~100亩,不得盲目发展。

(7)保持连续性。选定好的品种,种植一年后,表现好的优良品种要连续种植3~5年或者更长时间,才能充分了解品种的特性,不出问题千万不要随意变更品种。新品种种植有风险、价格高、不确定因素多。

4. 种子准备与处理

在育苗播种前对种子进行处理,保证播种质量,是出全苗、长壮苗、发挥工厂化育秧作用的前提条件之一,包括备种、晒种、选种、消毒、浸种、催芽、脱水等工序。

(1)备种:根据不同茬口、依据当地生产条件,精选优质纯度高的种子,精选种子要求无杂物,无瘪粒,发芽率要在90%以上。一般用种量为2.5~3千克/亩。

(2)晒种:在浸种前选择晴好天气将种子摊在干燥向阳的土场、席子上连续晒1~2天,以激发种子的活力,使种子发芽迅速整齐,提高发芽势和出苗率。

(3)选种:采用风选或盐水选种[盐水密度为$(1.06~1.12) \times 10^3$千克/米^3]方式。盐水选种应使用清水淘洗,清除瘪种、悬浮杂物和谷壳外盐分,并用流水将种子漂洗干净。

(4)消毒和浸种:稻种消毒和浸种可同时进行,在浸种液中添加适量可有效杀死黏附在种子上的病菌的农药,如氰烯菌酯、25%咪鲜胺、施保克、浸种灵等。浸种消毒时间的长短应随气温而定,气温高则浸种消毒时间短一些,气温低则浸种消毒时间长一些,在气温30℃时需消毒24个小时方可达到效果;可采取日浸夜露法,将种子用施保克:浸种灵:水为1.5:1:5 000的药液浸泡12~14个小时,露10~12个小时,再浸12个小时(时间随温度而定,浸种总积温约为80日·度),使种子吸入足够的水分,一般含水率在25%左右,浸种消毒以后就可以进入破胸催芽器。2021年,我们采用先正达包衣重量100千克稻谷种子用400毫升(或克)适乐时+30毫升(或克)成膜剂效果比较好(图1-1,张效忠提供)。

图1-1 种子包衣

(5)催芽:催芽在破胸催芽器内进行。破胸催芽器对水进行循环加热,使水温达到35℃,保温20~35个小时,使破胸露出白芽0.5~1毫米的稻种达95%,即完成破胸催芽作业。破胸催芽器对水温能够调节控制,提高种子的发芽率。为降低生产成本,也可用传统方式,温室控温催芽。即将吸足水分的种子上堆催芽,在堆放处铺上约10厘米厚的稻草,再在上面铺上塑料薄膜,将种子摊匀,上盖麻袋或塑料布,3~5个小时翻动1次,注意控制温度在30℃左右,温度低时用32~40℃的温水淋堆增温,经过1~2天,至90%左右的种子露白(不见芽、芽最长不超过1毫米)即可进行播种。

(6)脱水:催完芽后,使用高速旋转的离心脱水机将依附在芽种表皮的水分甩干,或将稻种放在通风处摊开稍微阴干,使稻种外干内湿,避免含水种芽在播种时出现互相黏结,影响播种的均匀度。

5. 秧盘准备与精量播种

确定播种时间和播种量,使种芽均匀播入秧盘或衬盘,减少谷种用量,发挥良种优势。播种作业可在播种流水线上进行,也可采用活动式的播种机具进行。播种环节有摆放秧盘、铺装床土、适量浇水、精量播种、覆土盖种、种盘转移等工序(图1-2,张效忠提供)。

图1-2 精量播种

(1)摆放秧盘:工厂化育秧最好是选择硬盘,或软硬配套(活动硬盘加软盘作为衬套)。一般按杂交中籼16~18盘/亩、常规中籼20~22盘/亩、常规中晚粳22~24盘/亩、双季稻24~26盘/亩准备。秧盘提前摆放在播种生产线一侧,便于提取使用。

(2)铺装床土:在秧盘内铺装已配制好的床土,土层厚度为2~2.5厘米。营养土(或基质)要求厚薄均匀,土面平整。

(3)适量浇水:将配制好的1∶1 000的敌克松药液均匀地喷洒于秧盘床土上,使播种时土壤含水率在90%。水要浇足,表面无积水,确保覆土也能润透。

(4)精量播种:在正式播种前计算好每只秧盘的播种量,常规稻每张九寸盘均匀播破胸露白芽谷120~150克,每张七寸盘均匀播破胸露白芽谷90~110克;杂交稻每张九寸盘均匀播破胸露白芽谷80~100克,每张七寸盘均匀播破胸露白芽谷60～80克。并按此种量调整好播种机的播量。

(5)覆土盖种：盘育秧精量播种后均应覆土。覆土厚度为0.3～0.5厘米，以盖没芽谷为准。应使用未经培肥的过筛细土，不能用拌有壮秧剂的营养土。盖种土撒好后不可再洒水，以防止表土板结影响出苗。

(6)种盘转移：播完种的秧盘若温度合适(气温在32℃左右)，可直接在塑料大棚或育秧设施内进行叠盘堆码。若出苗时温度低，应采取措施增温保温，特别是阴天或夜晚，要加盖保温材料如塑料布、稻草等，同时注意观察秧棚内的温度和湿度。

二 育苗管理

1.暗化出芽

将覆土后的秧盘置于30℃的恒温蒸汽温室或在塑料大棚内，放在秧架上叠放，并用遮阳网盖上，实行暗化处理36～48个小时，待根芽出齐后置于秧田，力求苗全、苗壮(80%以上芽长在1～1.5厘米范围)(图1-3，张效忠提供)。

图1-3　拱棚育秧

2. 秧田管理

选择地势平坦、排灌方便、运秧方便、邻近大田的熟地作为秧田。秧田、大田比例为1∶80～1∶100。在播种前7～10天水整耙平,开沟晾板。播种前2天,对畦面进行修整,达到"实""平""光""直"。秧板的规格为畦面宽1.5米,秧沟宽0.25米、深0.2米,四周沟宽0.3米、深0.3米。

秧盘搬移时要小心,不能使床土、种芽移动;为防暴晒,下秧田时间应选择在下午;下秧田的次日上午灌"跑马水",保证秧板上无积水;以后根据情况,秧板表面接近发白时,再次上"跑马水",保持秧板见干见湿。

3. 秧苗管理

(1) 施肥:"断奶肥"的施用要根据床土肥力、秧龄和气温等情况具体进行,一般7～8天(1叶1心期)施用。每亩秧池用尿素5千克(约合每盘5克)对水500千克于傍晚叶片吐露水时浇施,施后再浇洒1遍清水,以防肥害烧苗。"送嫁肥"的施用在移栽前3～4天进行,视苗情而定,用量与施用方法和断奶肥一样。叶色浓绿,叶片下披苗,切勿施肥。

(2) 管水:原则上进行旱育,不具备条件的采取湿润管理。秧苗2叶1心期前,沟中灌水保持畦面湿润,床土不发白,促进秧苗扎根。2叶1心期后湿润管水。移栽前3～5天控水炼苗。

晴天保持半沟水,若中午秧苗卷叶时可洒水补湿。阴雨天气应排干秧沟的水,特别是在起秧栽插前,要盖膜遮雨,防止床土含水率过高而影响起秧和栽插。

(3) 化控与病虫预防:计划秧龄超过20天,可在1叶1心期均匀喷施75～100毫克/千克多效唑。在移栽前1～2天施用送嫁药。亩用25%的吡蚜酮16克、阿维菌素80毫升和75%的三环唑40克对水30千克喷施。

三、壮秧标准及秧龄

1. 毯苗壮秧标准及秧龄

土壤含水率35%~55%,秧块均匀度合格率大于85%,空格率小于5%。苗高12~18厘米,苗挺叶绿,根部盘结牢固,提起不散,盘根带土厚度为2~2.2厘米,厚薄一致,形如毯状。壮秧一般是单株茎基粗扁、叶挺色绿、根多色白、植株矮壮、无病株和虫害,整盘秧块、秧苗整齐一致,一把秧苗无粗细。要求1.7~3株/厘米^2。适宜秧龄应为3.5叶左右(一般为18~20天);在超稀播、旱育加二次化控的条件下,秧龄也可延长到4叶1心(20~22天)。在不影响秧苗素质前提下,适期早播适当延长秧龄,可充分利用秧苗期的温光资源;但在延长秧龄的同时,必须确保秧苗在苗床生长不受明显抑制。

2. 钵苗壮秧标准及秧龄

钵苗育秧叶龄4.5~5.5叶,苗高15~20厘米,单株茎基宽0.3~0.4厘米,平均单株带蘖0.3~0.5个。适宜机插秧龄为25~30天,最长不超过35天。

▶ 第二节 平整土地施基肥

机插秧采用中、小苗移栽,对大田耕整质量和基肥施用等要求相对较高。耕整质量的好坏,不仅直接关系到插秧机的作业质量,而且关系到机插秧苗能否早生快发。对机插前耕整地的基本原则是抢早耕整、适施基肥、适当沉实。

一 大田耕整地作业前的准备

作业前5~10天施基肥。亩施饼肥100~150千克或25%复合肥50~80千克用以培肥地力;中等肥力大田,每亩施35%水稻专用肥30千克或25%复合肥40千克,或BB肥20千克作为底肥;先施肥再耕翻,以达到全层施肥、土肥交融的目的。

二 大田耕整地的质量要求

旋耕深度为10~15厘米,犁耕深度为12~15厘米,不重不漏;田块平整、无残茬,高低差不超过3厘米,表土硬软度适中,泥脚深度小于30厘米;浆、水分别为泥浆深度为5~8厘米,水深1~3厘米。水层条件:高不露墩,低不淹苗,田间无杂草、稻茬、杂物。

三 耕整大田

1. 前茬秸秆粉碎

依据茬口类型,空闲田适当提早翻耕或旋耕,以耕作灭茬除草为主。前茬为油菜、小麦的田块,在收获时必须同步进行秸秆粉碎,并均匀抛撒。可添加秸秆腐熟剂,及时施用少量速效氮肥调节碳氮比。留茬高度应小于15厘米;如未粉碎秸秆,则应增加该道工艺或将秸秆移出。

2. 旱整

当土壤湿度和含水率适宜时,可采用正(反)旋浅耕方法灭茬,其中反旋灭茬方法较好。避免深度耕翻(15厘米以上),耕深稳定,残茬覆盖率高,无漏耕现象。地块不平的要多次旱整,做到田内无暗沟、坑洼,大田高低差和平整度达标。对大面积田块平整,可考虑采用激光平地技术进行旱整;如暂时没有条件的,对高低落差大的田块,要大田隔小,以取得相对范围内的旱整地质量达标。

3. 水整

浅水灌入，浸泡24个小时后进行水整拉平。条件适宜时，可在旱整后晾土至适度，再上水浸泡，这样不易形成僵土。水整可采用水田埋茬起浆机及水田驱动车等设备。应注意控制好适宜的灌水量，既要防止带烂作业，又要防止缺水僵板作业。

水整后大田地表应平整，无残茬、秸秆和杂草等，埋茬深度应在4厘米以上，泥浆深度在5~8厘米，田块高低差不超过3厘米。

4. 沉实

水整后大田必须适度沉实，沙质土沉实1天，沙壤土沉实2~3天，黏质土沉实4天后机插，田表水层以呈现"花花水"为宜。

要严防深水烂泥，对杂草发生密度较高的田块，可结合泥浆沉淀，选用适宜的除草剂拌湿润细土均匀撒施，并保持6~10厘米水层，3~4天封杀灭草。

第三节 确保基本苗

水稻亩产量由每亩有效穗数、每穗总粒数、结实率和千粒重组成。我们在生产上往往会遇到农民反映机插秧没有直播产量高，其主要原因是直播增加了播种量，后期亩有效穗大大提高的结果。

水稻产量（千克/亩）=有效穗数/亩×每穗总粒数×结实率(%)×千粒重（克）×10^{-6}。

水稻产量随产量构成因子的增加而增加，产量构成因子中以单位面积总粒数与产量的相关性关系最密切，贡献最大。单位面积总粒数由单位面积穗数和每穗总粒数组成,单位面积穗数是由移栽密度、单株分蘖数和分蘖成穗率三者组成。单位面积穗数和千粒重在低产、低肥条件下与产量有密切关系,在高产、高肥条件下当穗数达到一定范围后与产量关系较小。

一 播种期与秧龄

根据不同生态区光温资源、不同育秧方式和不同水稻类型,合理选择适宜的播种期以及移栽秧龄。

1. 一季中稻

人工育秧播种时间和移栽时间分别为4月上旬至5月中旬和5月中旬至6月上旬,移栽秧龄为25~35天;抛秧播种时间和抛秧时间分别为4月上旬至5月中旬和5月上旬至6月上旬,抛秧秧龄为25~35天;毯苗机插育秧播种时间和机插时间分别为4月中旬至5月上旬和5月下旬至6月中旬,秧龄为15~25天;钵苗机插育秧播种时间和机插时间分别为4月下旬至5月下旬和5月下旬至6月下旬,秧龄为25~35天;机直播播种时间为3月中旬至5月上旬。

2. 单季晚稻

人工育秧播种时间和移栽时间分别为5月中旬至6月上旬和6月上旬至6月下旬,移栽秧龄为25~35天;抛秧播种时间和抛秧时间分别为5月中旬至6月上旬和6月上旬至6月下旬,抛秧秧龄为25~35天;毯苗机插育秧播种时间和机插时间分别为5月下旬至6月上旬和6月上旬至6月中旬,秧龄为15~20天;钵苗机插育秧播种时间和机插时间分别为5月中旬至6月上旬和6月上旬至6月中旬,秧龄为25~35天;机直播播种时间为5月上旬至6月中旬。

3. 双季早稻

人工育秧播种时间和移栽时间分别为3月中旬至4月上旬和4月上旬至5月上旬,移栽秧龄为30~40天;抛秧播种时间和抛秧时间分别为3月中旬至4月上旬和4月上旬至5月上旬,抛秧秧龄为25~35天;毯苗机插育秧播种时间和机插时间分别为3月中旬至4月上旬和4月中旬至5月上旬,秧龄为25~35天;机直播播种时间为3月下旬至4月中旬。

4. 双季晚稻

人工育秧播种时间和移栽时间分别为6月上旬至6月下旬和7月上旬至8月上旬,移栽秧龄为25~35天;抛秧播种时间和抛秧时间分别为6月上旬至6月下旬和7月上旬至8月上旬,抛秧秧龄为25~35天;毯苗机插育秧播种时间和机插时间分别为6月中旬至7月上旬和7月上旬至8月上旬,秧龄为15~25天(见表1–1)。

表1-1 各种水稻类型不同栽培模式下的播种期、移栽期和秧龄

类型	栽培模式	播种日期	移栽日期	秧龄(天)
一季中稻	人工育秧	4月上旬至5月中旬	5月中旬至6月上旬	25~35
一季中稻	抛秧	4月上旬至5月中旬	5月上旬至6月上旬	25~35
一季中稻	毯苗机插育秧	4月中旬至5月上旬	5月下旬至6月中旬	15~25
一季中稻	钵苗机插育秧	4月下旬至5月下旬	5月下旬至6月下旬	25~35
一季中稻	机直播	3月中旬至5月上旬	—	—
单季晚稻	人工育秧	5月中旬至6月上旬	6月上旬至6月下旬	25~35
单季晚稻	抛秧	5月中旬至6月上旬	6月上旬至6月下旬	25~35
单季晚稻	毯苗机插育秧	5月下旬至6月上旬	6月上旬至6月中旬	15~20
单季晚稻	钵苗机插育秧	5月中旬至6月上旬	6月上旬至6月下旬	25~35
单季晚稻	机直播	5月上旬至6月中旬	—	—

续表

类型	栽培模式	播种日期	移栽日期	秧龄(天)
双季早稻	人工育秧	3月中旬至4月上旬	4月上旬至5月上旬	30~40
	抛秧	3月中旬至4月上旬	4月上旬至5月上旬	25~35
	毯苗机插育秧	3月中旬至4月上旬	4月中旬至5月上旬	25~35
	机直播	3月下旬至4月中旬	—	—
双季晚稻	人工育秧	6月上旬至6月下旬	7月上旬至8月上旬	25~35
	抛秧	6月上旬至6月下旬	7月上旬至8月上旬	25~35
	毯苗机插育秧	6月中旬至7月上旬	7月上旬至8月上旬	15~25
再生稻	人工育秧	3月上旬	4月上旬至4月下旬	30~40
	抛秧	3月上旬	4月上旬至4月下旬	25~35
	毯苗机插育秧	3月上旬	4月上旬至4月中旬	20~25
	钵苗机插育秧	3月上旬	4月上旬至4月中旬	25~35
	机直播	3月上旬至4月上旬	—	—

二 移栽密度

根据水稻品种类型和基础地力情况，精确计算基本苗和栽插规格，并高质量(浅、稳、匀、直)适时栽插。

大穗型品种(穗粒数≥180粒)：中等肥力田块行距为30厘米，株距为13~14厘米，穴苗数为1~2苗/穴；高等肥力田块行距为30厘米，株距14~16厘米，穴苗数为1~2苗/穴。

穗粒兼顾型品种(穗粒数为140~179粒)：中等肥力田块行距为25~26.7厘米，株距为13~14厘米，穴苗数为2~3苗/穴；高等肥力田块行距为26.7厘米，株距为14~16厘米，穴苗数为2~3苗/穴。

多穗型品种(穗粒数为110~139粒)：中等肥力田块行距为20~

25厘米,株距为13～14厘米,穴苗数为3～4苗/穴;高等肥力田块行距为25厘米,株距为14～15厘米,穴苗数为3～4苗/穴。

三 插秧机的田间作业

1.插秧机的搬运装卸

搬运插秧机时要注意避免碰撞。机身托力应用在驱动轮上,浮板下需垫上草袋或其他缓冲物,用绳索将插秧机手把、保险杠和驱动轮捆绑牢固(图1-4,张效忠提供)。

图1-4 插秧机

2.调整

在进入大田前,根据秧苗、田块的情况,按农艺的要求调好纵向取苗量、横向取苗次数、株距档次并预设栽插深度。

3.补给秧苗

首次给插秧机补给秧苗时,应将苗箱移到最左侧或最右侧,否则会造成秧门堵塞、漏插。放置秧苗时注意不要使秧块翘起、拱出。在插秧作业过程中如发现秧苗不足时应及时补给。补给时,注意剩余秧苗与补给秧苗的苗面要对齐。

4. 正确使用划印器

开始插秧时,摆动下次插秧一侧的印器杆,使划印器伸开,在表土上边划印。划印器所划出的线对准下次插秧一侧的机体中心,插秧时中间标杆对准划印器划出的线。

5. 正确使用侧对行器

插秧时把侧浮板前上方的侧对行器对准已插秧苗的苗行。侧对行器有两个位置,分别表示不同的行距。

6. 转向换行操作要点

(1)将插秧机离合器拨到"断开"位置,减小油门,将液压手柄拨到"上升"位置,使机体提升。

(2)收回划印器,握住要转向一侧的转向手柄,同时可用力扭动机体协助转向,转向时尽量使浮板不压表土。

(3)转向结束后,侧对行器前端要与已插秧苗对准起来。将液压手柄拨到"下降"的位置,插秧离合器手柄拨到"连接"的位置,摆开要插秧一侧的划印器杆,伸开划印器。

7. 机插秧作业要点

在插秧机作业前,需要确认:秧苗土块规格;秧苗均匀程度,空格率＜5%;秧块含水率35%;大田平整度,高差＜3厘米,水层＜2厘米;泥浆沉淀情况。

作业时确保机插质量:漏插率＜5%;伤秧率＜4%,均匀度合格率＞85%。机插作业要求:直、匀、靠行准确,田间空插率最少。

第四节 科学施肥

俗话虽然讲"七分种植,三分管",但田间管理也是非常重要的。科学用肥是关键,要坚持安全优质、化肥减控、有机为主的肥料施用原则。有机肥、无机肥结合,增施有机肥,优先施用腐熟过的农家有机肥(秸秆、绿肥、厩肥、堆肥、沼肥、沤肥、饼肥等)、微生物肥料、有机-无机复混肥、土壤调理剂等,减施、控施化肥,其中,有机氮肥和无机氮肥的比例需超过1∶1;根据测土配方结果增施锌、硅等中微量元素肥料;化肥施用优先选用高效新型缓控释/失肥、专用配方肥,减少肥料对环境的不利影响,保护生态环境,提高土壤可持续生产能力。

改进施肥方式,氮、磷、钾肥料运筹按照基肥和追肥结合、速效肥和缓效肥结合的方式进行。化肥施用时需与有机肥或生物肥等配合使用(图1-5,张效忠提供)。

图1-5 大田苗期

全生育期氮、磷、钾肥亩用量（纯量）分别为12~15千克、5~7千克和9~12千克，氮肥按照基蘖肥∶穗肥=8∶2，钾肥按照基肥∶穗肥=5∶5或者6∶4施入；穗肥以倒3~倒2叶为宜；提倡使用控释肥、控失肥（保持性长效肥）及机插侧深施肥方式，可减少肥料用量10%~20%。

如施用常规肥料，采用一基一追施肥模式，追肥（穗肥）一次性施用即可；如采用控失肥，确保肥效释放符合丰产优质栽培需求的前提下，生育期短的可以一次性基施，生育期长的可以一基（控失复合肥）一追（穗肥，普通肥料）进行施肥。

整田时施足基肥，基肥以无害化处理的有机肥为主，翻耕前施腐熟农家肥（绿肥、厩肥）2 000千克/亩，或腐熟的饼肥或商品有机肥（氮含量5%）50千克/亩。秸秆还田条件下适当配施少量化学氮肥促进秸秆腐解，也可以配施少量有机-无机复混肥或者专用配方缓控释/失肥等，其中，有机肥用量占基肥总量的70%~80%，化肥用量（缓控释/失肥、专用配方肥等）占基肥总量的20%~30%。另外，可施用硫酸锌1 000克/亩、硅肥（SiO_2 20%）20~25千克/亩。分蘖肥以生物菌肥为主，可以少量施用复合肥或者专用配方肥。穗肥施用以生物有机肥为主，配施少量（占穗肥总量20%以下）速效化肥。抽穗后一般不施肥，如有个别明显脱肥田块，可及时施用适量速效生物肥或喷施叶面肥。

第五节 水浆管理

适宜的水分管理不仅对水稻产量和品质形成具有重要意义，而且对减少肥料流失、提升农药效果等也具有重大影响。水肥耦合可以有效减少肥料损失，提高肥料和水分利用效率。同时，稻田水分并不是越多越好，也不需要一直淹水，需要根据生产情况和生育期合理调整。目前主要采用"浅—露—烤—湿"的节水灌溉方式,可减少灌溉2~4次,节水20%以上。

浅:主要指前期保持浅水层,促进分蘖发生;露:主要指前期适时露田,排除秸秆分解产生的有毒物质,提高根系活力,促进根系下扎;烤:主要指适时烤田,减少无效分蘖,提高成穗率;湿:主要指中后期干湿交替,以湿为主,保根护叶。

"浅—露—烤—湿"节水灌溉不同生育期水分管理技术指标按照生育阶段细分如下:

一是薄水机插:淀浆沉实2~3天后,瓜皮水(1厘米)机插。

二是栽后至有效分蘖期:栽插后活棵前的3~4天要薄水湿润立苗,活棵后露田1~2天;之后保持2~3厘米浅水层至湿润状态,切忌长期保水,适时露田1~2次,降低秸秆还田危害,以水调肥,以水调气,以气促根,促进分蘖早生快发;及时开挖丰产沟,做到沟系配套,注意打好平水缺,雨天及时排水防渍涝。

三是无效分蘖期至拔节期:适时搁田,分次轻搁,湿润管理。当田间茎蘖数为预期穗数的75%~80%时应及时排放田水烤田,待沟底(深15~18厘米)无水后,间隔1~2天再上新水,保水1~2天后再放水落干,如此往复,直到拔节期。

四是拔节孕穗至抽穗期:搁田复水后间歇湿润灌溉,每次上3~5厘米的水层,待沟内水自然落干后再上水。

五是抽穗扬花期:该期遇高温灌深水(5~10厘米)调温,有条件的采取日灌夜排方式调节田间小气候,降低高温对扬花散粉的影响。

六是灌浆至成熟期:后期干湿交替,以干为主,保根护叶防早衰,防止脱水过早,收割前10~15天上最后一次跑马水,收割前7天断水硬田,活熟到老。

在这里重点介绍一下水稻适时烤田的作用和方法。从有效分蘖末到穗分化始期是水稻最耐旱的时期。生产实践证明,此期适度烤田能有效促使秧苗根系的发育,增加营养吸收量,起到了发根、防病、抗倒、早熟、增产的良好效果,是营养生长转化为生殖生长的重要环节。

一 晒田作用

1.控制无效分蘖,巩固有效分蘖

当水稻分蘖已达到一定数量即够苗后,进入有效分蘖终止期,早分蘖的能成穗,终止期后分蘖的不能成穗或只成小穗。在生产上通过晒田的方法,可使高位幼小分蘖芽得不到水肥供应而停止生长,减少养分消耗,从而使主茎和大分蘖获得更多的养分供应,提高有效穗的成穗率,为壮秆大穗打好基础。

2.改善土壤环境,增强根系活力

插秧后至晒田前较长时间内田面保持一定的水层,导致耕层土壤内通气性差,好气微生物活动受到抑制;有机物分解缓慢,不利于根系生长。通过晒田处理,大气可直接进入耕作层中,使土壤内的通透性增强,改善了土壤结构,增加了耕层内氧气的含量。晒田后新根数目增多,促进根系下伸,扩大了根系活动范围,增强了吸收能力,扩大营养面积。

3.协调营养生长与生殖生长,控制植株的高度,增强抗倒伏能力

通过晒田可使氮素代谢水平下降,控制营养生长速度,提高碳素代谢能力,促进碳水化合物积累。同时也抑制了节间的生长,稻茎基部第一、第二节间长度变短,秆壁变厚,茎秆组织较紧密,因此也增强了株体抗倒伏的能力,也为水稻幼穗分化初期提供较多的养分来源。复水后较多的碳水化合物由茎、鞘向幼穗转移,促进了幼穗发育,水稻由营养生长

向生殖生长方面转化,满足了幼穗生长发育必需的养分供应量,为形成穗大粒多打好基础。

4. 降低田间温度,抑制病虫危害

水稻的许多病虫害的发生与传播都与稻株间的温湿度有直接关系。如稻瘟病田间相对湿度在90%以上适于病菌的繁殖与侵入。白叶枯病田间相对湿度在70%以上发病严重。水稻潜叶蝇及二化螟虫等,它们卵的孵化和为害时,也都要求有较高的湿度条件。通过晒田降低了株丛间的空气湿度,改善了田间小气候环境,破坏了病菌与虫卵繁殖传播条件,抑制了病虫害发生及危害程度。

5. 晒死杂草,减少地力消耗,节约水源,降低生产成本

二 晒田方法

晒田的轻重程度和方法要根据土壤、施肥和水稻长势等情况而定,要有灵活性,要因地制宜,适时、适度,关键在"五看":

1. 看苗晒田

茎数足、叶色浓、长势旺盛的稻田要早晒和重晒,反之应迟晒和轻晒;禾苗长势一般,茎数不足、叶片色泽不十分浓绿的,采取中晒、轻晒或不晒。

2. 看土质晒田

肥田、低洼田、冷凉田宜重晒,反之,瘦田、高岗田应轻晒。碱性重的田可轻晒或不晒。土壤渗漏能力强的稻田,采取间歇灌溉方式,一般不必晒田。稻草还田,施入大量有机肥,发生强烈还原作用的稻田必须重晒。

3. 看天气晒田

晴天气温高、蒸腾量大,晒田时间宜短,天气阴雨要早晒,时间要长

一些。晒田要求排灌迅速,既能晒得彻底,又能灌得及时。但要注意,若晒田期间遇到连续降雨,应疏通排水,及时将雨水排出,不积水。晒田后复水时,不宜马上深灌、连续淹水,要采取间歇灌溉,逐渐建立水层。

4. 看肥力晒田

对于施肥过多,长势比较旺盛的稻田要及时晒田。

5. 看水源情况晒田

地势低洼,地下水位高,排水不良,七八月份出现冒泡现象的烂泥田必须晒田。

三 排水晒田的标准

应根据不同田块、不同的土壤类型、不同情况而定,轻晒的田块,要达到田面破皮,脚踩下去不粘泥。中晒的田块,要晒到田面踩下去无脚印,田面硬实,田面出现小裂纹。重晒的田块,要晒到田面出现2厘米左右的裂缝为宜。老百姓通常用的标准是"风吹禾叶响,叶尖刺手掌,下田不陷脚,泥面白根跑"。

一是晒田一般应在分蘖末期、拔节初期进行。晒田过早,影响有效分蘖的产生与生长;晒田过晚,新分蘖过旺生长,延迟幼穗分化速度。分蘖力中等的,每穴有25～30个蘖时应排水晒田。

二是稻株茎叶生长过旺,氮肥用量过多,叶片发黑的田块应重晒、早晒。反之,稻株长势弱小的应晚晒、轻晒或不晒。

三是土层深厚、肥沃,稻株呈现出徒长,叶色发黑的应早晒、重晒;土质较薄,保肥保水较差的应晚晒、轻晒。黏土层透水性弱的应早晒、多晒;漏水田不晒。

四是当田间有1/3左右植株已拔节时,应停止晒田,进行正常的水分管理,以保证幼穗分化期对水分的需求,促进幼穗分化生长发育。此时应适当深灌,控制水层在5~6厘米。

五是晒田时间一般为5~10天,轻晒田块,要达到田面开细缝,人脚下去不粘泥;中晒的田块,晒到田面出现鸡爪状裂纹;重晒的田块,要达到白根外露、叶色褪淡、叶片直立即可。

第六节 病虫草害绿色综合防控技术

一、防治原则

病虫害防治坚持预防为主、综合防治原则。推广绿色防控技术,优先采用农业防控、理化诱控、生态调控、生物防控,结合总体开展化学防控;遵循绿色食品NY/T 393标准。

草害防治围绕绿色发展和农药减量控害目标要求,因时因地制宜,采取分类分区政策,优先采用农业防控、生态生物防控、机械物理防控,科学开展化学防控,着力提高稻田杂草防控技术到位率,保证水稻品质和环境友好。

二、主要病虫草害

1. 水稻主要病害

(1)水稻恶苗病:水稻恶苗病是香稻的主要病害,香味越浓则恶苗病越严重,受害稻苗细长、瘦弱、色淡、叶鞘拉长,比正常秧苗高出2/3左右,根系较弱,分蘖慢且少,节间加长,节上生大量的倒生须根,尤其基部节上更多,一般在抽穗前枯死,即使抽穗成熟亦形成白穗,穗小、粒少。湿度大时,枯死病株表面长满淡褐色或白色粉霉状物,后期生黑色小点即病菌囊壳。抽穗期谷粒也可受害,严重的变褐,不能结实,颖壳夹缝处生淡红色霉;发病轻的不表现症状,但内部已有菌丝潜伏。

①发病症状。苗期症状:病苗因根系发育不良,生长纤细、瘦弱,全株呈淡黄绿色,比健株高出近1/3,叶片较窄,大部分病株移栽前即枯死,少数病株移栽后25天内枯死,枯死苗上有淡红或白色霉粉状物,即病原菌的分生孢子。空气湿度大时在枯死苗近地面部分有时产生淡红色或白色霉状物,即病原菌的分生孢子(图1-6,董伟提供)。

分蘖期症状:带菌秧苗节间明显伸长,表现徒长,比健株高,叶色淡黄绿色,分蘖少或不分蘖,下部茎节间逆生出许多白色或黄褐色的不定须根,剥开叶鞘,可见茎秆上有暗褐色条斑,剖开病茎可见白色的霉物,以后茎秆腐朽,植株逐渐枯死,与螟虫造成危害近似。发病轻的病株会提前抽穗,穗形短小或籽粒不实,有的变成白穗。发病重的病株一般在抽穗前或抽穗后即枯死,枯死病株的表面长满淡红色或白色粉霉。近几年在本田期还有"正常型"、矮化型和早穗型等几种症状混合发生(图1-7,张效忠提供)。

图1-6 恶苗病苗期

图1-7 分蘖期水稻恶苗病

穗期症状:

特点一:蔸成穗少、茎秆纤细。

特点二:株高过高,比正常植株高30厘米以上。

特点三:节间着生倒生根。

特点四:发病轻的植株稻穗正常,但结实率仅为20%～50%;发病重的仅在谷粒基部或尖端变为褐色,穗小、谷粒少,或为不实粒。病重的植株谷穗严重的变褐,不能结实变成瘪粒,有的病粒谷壳的内外颖合缝处,着生有浅红色霉层。

②水稻恶苗病病原物与传播途径。常见恶苗病症状多数表现为徒长型,也有矮化型或与正常植株高矮一致的株型;与病原物生理小种有关系。

初侵染源。带菌种子是该病的主要初次侵染来源。病种播下后,潜伏的菌丝(或孢子萌发)从伤口侵害幼苗的基部,病菌侵入稻苗后产生的赤霉素引起稻苗徒长,控制叶绿素的形成。

其次是病稻草:在干燥条件下,恶苗病病菌可存活2～3年,但在水田表面不能越冬,收获后秸秆还田培肥地力的同时,也增加了病残体上病原菌在田间和种子上的积累,循环几年后,病原菌积累到一定程度后造成恶苗病的大发生。病稻草用作催芽和旱秧、湿润秧田覆盖物或捆秧物,也可传播病菌而成为初侵染的次要来源。

带病的秧苗移栽后,引起稻苗发病:病株产生的分生孢子借助气流传播,由伤口引起植株再次侵染,使谷粒和稻草带病菌,形成循环侵染,为害水稻。

③发病条件。高温有利于恶苗病发生。恶苗病病菌生长发育最适宜的温度为25～30℃,35℃时发育较差,到40℃时全不生长,温度低于2℃亦不能生长。当温度低于20℃或高于40℃,植株出现隐症现象。

水稻品种间感病差异较大。高产优质品种相对于其他品种易感恶苗病。在相同条件下,种子带菌率极高,品种间发病差异明显,粳稻发病明显重于籼稻。

旱育秧比水育秧发病重。旱育秧恶苗病发生要重于水育秧;机插秧采用有盘育秧,与常规旱育秧环境条件类似,苗床温湿度有利于恶苗病的发病,加上幼苗在机插秧过程中易受机械损伤,成为病菌再次侵染的重要途径。

浸种不当。浸种时间不足、浸种药剂选择不当、浸种浓度达不到要求等。

④预防措施。建立无病留种田:留种田应选用无病种子,并进行种子消毒处理。留种田及附近一般生产田,发现病菌或病株应及时拔除,以防传播蔓延。留种田应单收、单打、单贮。

种子消毒处理:种子消毒处理是防治此病的关键和有效措施。种子消毒常用的药剂与方法有以下几种。①咪鲜胺:针对水稻恶苗病已经产生抗性,浸种时应加大浓度,由过去的每包25%咪鲜胺2毫升浸种5千克减少到3~3.5千克。②大力推广使用氰烯菌脂。25%氰烯菌脂3克浸种4~5千克。一般浸种水位应超出种子10厘米,每天早、中、晚各搅拌1次。

药剂拌种:浸种催芽后用拌趣(63%吡虫啉·萎锈灵·福美双)或者22%的好拌(噻虫嗪·咯菌腈)拌种后再播种,效果很好。

拔除病株:结合田间作业,发现病株应及时拔除并销毁,然后用甲霜噁霉灵喷药保护,防止传播蔓延。

防止稻苗根部和种子受伤:防止伤口形成是减少病菌侵入的关键。育苗期要防止缺水受旱,损伤稻根;拔秧前要先灌水湿润,以防损伤秧苗根部;脱谷时要注意脱谷机间隙不宜过小,转速不宜过快,以免种子颖壳受伤,均可减轻病情。

田间喷施:田间发生恶苗病时,苗期可以喷施25%氰烯菌脂或95%绿亨1号(噁霉灵)精品4 000倍液杀菌剂抑制恶苗病的蔓延。

(2)水稻纹枯病

①发病症状。主要危害叶鞘,叶片次之。叶鞘染病初期在近水面处产生暗绿色水浸状边缘模糊小斑,后渐扩大呈椭圆形或云纹形,边缘暗褐,中部呈灰白色半透明状,潮湿时为灰绿色。叶片染病也呈云纹状,边缘褪黄,发病快时病斑呈污绿色,叶片很快腐烂。茎秆染病症状似叶片,后期呈黄褐色,易折。穗颈染病初为湿润状青黑色,常不能抽穗,抽穗的秕谷较多,千粒重下降。湿度大时,病部长出白色网状菌丝,后形成菌核。

②防治措施。水稻纹枯病的发生一般前期发展较慢,后期上升较快。因此,在早稻分蘖盛期应加强田间调查,当遇到高温高湿天气,田间病穴率在30%左右时就应立即用药防治。药剂可选用5%井冈霉素水剂每亩300毫升对水50千克喷施,或12.5%纹霉水剂每亩200~250毫升对水50~70千克喷施,或12.5%纹霉清每亩300毫升对水50~70千克喷施,并根据发病程度和天气情况,连喷2~3次。晚稻生育期短,纹枯病从始发到暴发相距时间一般在半个月左右。因此,宜用药2次,一般在拔节孕穗期用药一次,隔7天后再用药一次。鉴于纹枯病都是从病株下部向上延伸,喷药应着重喷在稻株的中、下部,才能收到良好的效果(图1-8,董伟提供)。

图1-8 水稻纹枯病

(3)稻瘟病

①发病症状。根据危害

时期、部位不同分为苗瘟、叶瘟、节瘟、穗颈瘟、谷粒瘟。

苗瘟:发生于三叶前,病苗变黄褐色后枯死。

叶瘟:慢性型病斑,多为梭形,边缘褐色,中央灰白色,有黄晕,有褐色坏死线向两端延伸;急性型病斑,感病品种易发生,形成暗绿色近圆形或椭圆形病斑,叶片两面都产生褐色霉层(图1-9,董伟提供)。

图1-9 叶瘟

图1-10 穗颈瘟

节瘟:常在抽穗后发生,初期产生褐色小点,后渐绕节扩展,使整个节变黑坏死,易折断,发生早的形成枯白穗。

穗颈瘟:初形成褐色小点,后使穗颈部变褐色,也造成枯白穗,发病晚的造成秕谷(图1-10,董伟提供)。

谷粒瘟:边缘褐色、中部灰白色病斑。

②发病因素。稻瘟病的危害程度有大有小,根据田间具体情况不同,危害程度也不一样,下面这四点,是容易感染稻瘟病的情况,具体如下:

高度密植:种植密度过大的田块,田间的通气性、通光性都会减弱,不利于稻株的正常生长,出现弱苗情况,感染稻瘟病的概率加大。

长期灌深水:水稻长期处于灌深水的情况,根系得不到充足的呼吸,影响整个水稻的生长,导致抵抗力减弱,稻瘟病发病概率增大。

氮肥过多:氮肥施用过多,不注重使用其他元素,导致稻株旺长,水稻自身抵抗力减弱,感染稻瘟病的概率加大。

天气原因：气温在24～28℃，空气相对湿度在92%以上，易发生苗瘟和叶瘟。后期如长时间处于连续阴雨天气、光照不足、气温偏低，很容易感染穗颈瘟。

③防治措施。了解了稻瘟病的发病原因，先以预防为主，如果田间已发病，要及时用药防治。

清除病菌源：从清除病菌源开始，在上一年水稻收获后，田间的稻株要尽量清理干净，特别是发生稻瘟病的田块、田间、路边都要彻底清除，从源头减少病害的发生。

合理密植：在种植过程中无论是移栽还是直播，都要合理密植，密度过大，不仅不会增产，还会造成减产，具体每亩株数，要根据品种、墒情、土质、气候等综合因素统筹考虑，不清楚的地方，要及时咨询当地正规的种子销售部门。

注意晒田：晒田在水稻生长过程中有着很重要的作用（水管的前提下）。晒田时间要根据田间不同情况酌情处理，正常情况下，5～8天为好，也可分多次。

合理施肥：除了施用有机肥和适量的氮肥外，也要合理施用磷肥和钾肥。除此之外，还要补充施用中微量元素如铁、锰、铜、锌、硼等，在防虫治病的时候，可以同时加入中微量元素的叶面肥，或者单独施药也可以。

药剂防治：遵循"重在预防，早抓叶瘟，狠治穗瘟"的原则。稻瘟病从侵染到发病叶瘟需要5～7天、穗颈瘟需要10～14天，防治稻瘟病必须要防重于治，穗颈瘟一旦发病几乎无药可治。防治穗颈瘟的最有效方法是水稻破口期和水稻齐穗期2次用药。

水稻破口期和齐穗期是防治稻瘟病的两个关键时期。如果出现连续阴雨高温高湿天气，稻瘟病可能暴发流行，最好在第二次喷药7～10天后,每亩再喷施100毫升稻瘟灵防治1次;或每亩用40%稻瘟灵100毫升+75%三环唑60~80克+富尔农易施33克+有机硅10~20克对水8~12千克喷雾;或每亩用40%稻瘟灵100~120克+75%三环唑40克+25%吡唑醚菌酯20克对水8~10千克细雾喷雾,发病中心着重喷雾,7天后再用药巩固1次;或每亩用40%稻瘟灵100~120克+2%春雷霉素100毫升+富尔农易施33克喷雾防治,发病风险高的10天左右再防治1次;或每亩用75%三环唑60~80克+25%咪鲜胺80~100毫升喷雾。

(4)稻曲病

①发病症状。发生于穗部,危害谷粒。受害谷粒内形成菌丝块,内外颖裂开,露出淡黄色块状凸起物,后渐膨大包裹全颖,呈黑绿色。初外包一层薄膜,后破裂散生成墨绿色粉末,即病菌的厚垣孢子,有的两侧生黑色扁平菌核,风吹雨打易脱落(图1-11、图1-12,董伟提供)。

图1-11 稻曲病籽粒

图1-12 稻曲病穗部

②发生因素。品种间抗性差异明显。一般情况下,晚稻品种发病重于早熟品种。为了提高杂交稻的制种产量,在选择不育系过程中要特别选择开颖时间长的材料,使稻曲病孢子接触时间长,降低了杂交水稻的抗性。水稻的株型、穗型与稻曲病抗性密切相关,发病率与穗长、剑叶角度、穗弯曲度以及剑叶长度呈极显著或限制性负相关。两优培九等两系杂交稻品种由于穗长,增加了孕穗抽穗时间,延长了水稻的敏感期。穗

大,叶鞘包裹不紧,病菌易与稻穗接触,增加感病性。感温性强、温度低,延长生育期,不但增加与病菌的接触时间,在其孕穗期,正好遇上周边田块其他水稻品种稻曲病病菌产生厚垣孢子的高峰期,这些孢子经大量传播而加重发病。

气候条件是稻曲病发病的关键因素。水稻从孕穗期到抽穗期是稻曲病菌的侵染时期,此时适温、高湿、少日照,将延长抽穗时间,有利于水稻稻曲病的发生。稻曲病的孢子萌发和侵染要求适温高湿的环境条件,水稻孕穗到抽穗期降雨量大、降雨天数多、日照时数短,则田间湿度大,发病重。山区和丘陵地区由于早晨露水时间长、光照强度相对较低,田间湿度大,导致稻曲病在该地区普遍发生,并不断上升为当地危害最严重的水稻病害。

管理不当降低了水稻抗性。平衡施肥的田块发病相对较轻,后期偏施氮肥的田块比正常施肥的发病重。氮肥过量使用,特别是后期偏施氮肥将造成水稻植株疯长,降低水稻的抗性,田间郁闭度大,湿度增加,会加重稻曲病的发病程度,长期灌深水,根系供氧不足,会降低稻株抗性。

种植密度过大加重稻曲病的危害。由于种植密度过大,造成田间通风、透光不足,改变了田间小气候,形成适宜稻曲病发生的适温高湿环境,因此造成稻曲病的重发。调查发现,基本苗为2万～3万株/亩以上的稻田发病相对较重。

③防控措施。选用抗病品种是防治稻曲病最经济有效的措施,在稻曲病常发地区和山区、丘陵地区应尽量选择早熟或中熟品种,避免种植晚熟或感温性强的品种。

种子处理与清除菌源,减少初侵染源。播种前用盐水选种,剔除空秕粒,再用50%多菌灵1 000倍液浸种24～48个小时,或用25%使百克乳油2 000倍液浸种24个小时,清除种子上的病原菌,兼防水稻苗期病害。

发病田块应及时处理稻草,降低初侵染源。

加强栽培管理,提高水稻抗性。实行宽窄行种植,提高田间通风透光性,合理密植,平衡施肥。水稻生长中后期干湿交替,降低田间湿度,减轻病害发生。

孕穗期药剂防治。水稻破口前7天左右,剑叶与倒二叶的叶枕相平,即"叶枕平"时,亩用3%DT可湿性粉剂0.1千克,或30%爱苗乳油15毫升,或25%百克乳油30~50毫升对水喷雾,气候条件适宜的重病区于7天后再防治一次。

(5)水稻白叶枯病

①发病症状。整个生育期均可受害,苗期、分蘖期受害最重,各个器官均可染病,叶片最易染病。一般有褪绿枯黄斑,天气潮湿时病叶上可见乳白色小点,干后结成黄色小胶粒,易脱落。在分蘖期开始出现枯心苗,病株心叶或心叶以下1~2层叶出现失水、卷筒、青枯等症状,最后死亡。剥开新青卷的心叶或折断的茎部或切断病叶,用力挤压,可见有黄白色菌脓溢出(图1-13,董伟提供)。可分为叶枯、急性凋萎、黄化三种类型(图1-14,董伟提供)。

图1-13　白叶枯病菌脓

图1-14　白叶枯病

②防治措施。根据预测预报结果,经系统调查发现田间发病中心后,要及时用药防治,用药次数可根据病情发展,每隔5~7天,连续施药2~3次。用10%叶枯净(杀枯净)可湿性粉剂200倍,或10%敌枯唑(叶枯灵)可湿性粉剂1 000倍,每次每亩对成100千克水溶液进行喷雾。

(6)水稻细菌性条斑病

①发病症状及特点。水稻细菌性条斑病是安徽省检疫病害,植物检疫是控制水稻细菌性条斑病发生与传播最有效的措施之一。要加强稻种调运检疫工作,杜绝或防范水稻细菌性条斑病的蔓延、扩散传播。该病主要通过叶片伤口侵染。初为暗绿色水浸状半透明小斑,后迅速在叶脉间扩展为黄褐色细线或短虚线状条斑,病斑两端呈浸润型绿色(图1-15,董伟提供)。病斑上常溢出许多露珠状黄色菌脓,干后呈黄色胶状小粒,不易脱落,发病严重时融合成不规则黄褐色至枯白大斑,与白叶枯类似,但对光可见许多半透明细条。发病严重时叶片卷曲,田间呈现一片黄白色,引起植株早期死亡或不能抽穗(图1-16,董伟提供)。

图1-15　水稻细菌性条斑病病斑

图1-16　水稻细菌性条斑病

②防治措施。生物防治:可用活体微生物农药、微生物产物农药、植物源生物农药、矿物源农药防治细菌性条斑病。有4个施药阶段:在春季绿肥翻耕前,撒施生石灰50~75千克/亩,改善土壤酸

碱度,同时消毒杀菌;在播种前,用80%乙蒜素(抗菌剂402)乳油2 000倍液浸种48个小时进行消毒,控制病害发生;在细菌性条斑病发生前的分蘖中期或发生初期,用80亿芽孢/克甲基营养型芽孢杆菌LW-6可湿性粉剂80~120克/亩,或0.3%四霉素(梧宁霉素)水剂50~65克/亩,对水后均匀喷雾,隔7~10天喷1次,视病情连续防治2~3次;在发病初期,用60亿芽孢/毫升解淀粉芽孢杆菌LX-11悬浮剂500~650克/亩,对水50~60升喷雾,隔7~10天喷1次,视病情连防1~2次,兼防水稻白叶枯病。

化学防治:应选用非"三致"(致畸、致癌、致突变)、非"四毒"(剧毒、高毒、高残毒及慢性毒性)且符合绿色食品农药使用准则规定的高效、微毒、低毒、低残留等化学农药进行防治。具体防治措施如下:

在水稻细菌性条斑病发生前的苗期,用36%三氯异氰尿酸可湿性粉剂1 000倍液均匀喷洒苗床,可阻止病菌侵入,同时可兼防水稻纹枯病、稻瘟病、白叶枯病。

在水稻细菌性条斑病发生前的分蘖期或稻田刚见零星病斑时,每亩用50%氯溴异氰尿酸可湿性粉剂50~60克喷雾,隔7~10天喷1次,视病情连防2~3次,控制病害蔓延。施药时田间保持5~7厘米的水层,施药后保水5天。也可每亩用10%丙硫唑悬浮剂90~100毫升均匀喷雾,视病情连防1~2次。

在水稻细菌性条斑病发生前的拔节期或发生初期,用20%噻菌铜悬浮剂125~160毫升/亩,或30%噻森铜悬浮剂70~85毫升/亩均匀喷雾,兼防水稻白叶枯病。

在水稻细菌性条斑病发生初期,用5%噻霉酮悬浮剂35~50毫升/亩均匀喷雾。施药时应避免药液飘移到其他作物上,以防产生药害。也可选用30%噻唑锌悬浮剂70~100毫升/亩,或3%辛菌胺醋酸盐可湿性粉剂

215~265克/亩,均匀喷雾,视病情连防2~3次。或用21.4%络铜·柠铜水剂400~600倍液/亩均匀喷雾,控害保穗。

（7）水稻黑条矮缩病

图1-17 水稻黑条矮缩病

水稻黑条矮缩病属于病毒病,主要靠灰飞虱传播,白背飞虱、白带飞虱次之。

苗期发病:心叶生长缓慢,叶片短宽、僵直、浓绿,叶脉有不规则蜡白色瘤状凸起,后变黑褐色。根短小,植株矮小,不抽穗,常提早枯死（图1-17,董伟提供）。

分蘖期发病:新生分蘖先显症,主茎和早期分蘖尚能抽出短小病穗,但病穗缩藏于叶鞘内。

拔节期发病:剑叶短阔、穗颈短缩、结实率低。叶背和茎秆上有短条状瘤突。

2. 水稻主要虫害

（1）稻纵卷叶螟

以幼虫吐丝纵卷水稻叶片成虫苞,幼虫躲在其中取食叶肉,留下表皮,形成白色条斑,致水稻千粒重降低,秕粒增加,造成减产（图1-18至图1-20,董伟提供）。

（2）稻三化螟

幼虫钻入稻茎蛀食为害,造成枯心苗,受害稻株蛀入孔小,孔外无状虫粪,茎内有白色细粒状虫粪。

图1-18 稻纵卷叶螟幼虫

图1-19 稻纵卷叶螟成虫

图1-20 稻纵卷叶螟危害症状

(3)稻二化螟

以幼虫钻蛀稻株,取食叶鞘、稻苞、茎秆等。幼虫蛀入稻茎后剑叶尖端变黄,严重的心叶枯黄而死,受害茎上有蛀孔,孔外虫粪少,茎内虫粪多,黄色,稻秆易折断。在安徽,稻二化螟相对于其他螟虫,发生最重(图1-21至图1-23,董伟提供)。

(4)稻大螟

幼虫蛀食稻生长点、茎秆和果穗为害,可造成枯心苗、茎秆折断

图1-21 稻二化螟幼虫

图1-22 稻二化螟成虫

图1-23 稻二化螟危害症状

和烂苞。稻大螟为害造成的枯心苗,蛀孔大、虫粪多,多夹在叶鞘和茎秆之间,受害稻茎的叶片、叶鞘部都变为黄色且田边较多(图1-24至图1-26,董伟提供)。

(5)稻飞虱

按先后发生时间可分为灰飞虱、白背飞虱、褐飞虱。成虫、若虫群集于稻丛下部刺吸汁液;雌虫产卵时,用产卵器刺破叶鞘和叶片,易使稻株失水或感染菌核病。排泄物常致霉菌滋生,影响水稻光合作用和呼吸作用,严重的使稻株干枯、倒伏,甚至颗粒无收(图1-27至图1-29,董伟提供)。

(6)稻苞虫

稻苞虫吐丝缀合叶片成苞,潜伏在其中为害。食后叶片残缺不

图1-24 稻大螟幼虫

图1-25 稻大螟成虫

图1-26 稻大螟危害症状

图1-27 灰飞虱

图1-28 白背飞虱

图1-29 褐飞虱

全,严重时仅剩叶中脉(图1-30、图1-31,董伟提供)。

图1-30 稻包虫幼虫

图1-31 稻包虫成虫

(7)稻蓟马

成虫、若虫用口器锉破叶面,吸食汁液,叶片出现微细黄白色斑,叶尖两边向内卷折,严重时全叶卷缩枯黄。稻蓟马多在苗期危害。种子包衣是防治稻蓟马的有效手段(图1-32、图1-33,董伟提供)。

图1-32 稻蓟马

图1-33 稻蓟马危害症状

(8)稻象甲

成虫用管状喙咬食秧苗茎叶,被害心叶抽出后呈现一横排小孔,严重的秧叶折断,漂浮于水面上。幼虫取食稻株幼嫩须根,致叶尖发黄,生长不良;严重时水稻不能抽穗或造成秕谷,甚至成片枯死(图1-34、图1-35,董伟提供)。

图1-34　稻象甲幼虫

图1-35　稻象甲成虫

(9)稻叶蝉

以成虫和若虫刺吸稻株汁液为害,使植株生长发育受抑,致叶片变黄,甚至全株枯死(图1-36至图1-38,董伟提供)。

3.水稻主要草害

(1)稗草

稗草秆直立,基部倾斜或膝曲,光滑无毛。形状似稻但叶片毛涩,颜色较浅。叶鞘松,叶片无毛。圆锥花序主轴具角棱,粗糙;小穗密集于穗轴的一侧,具极短柄或近无柄;第一颖三角形,基部包卷小穗,长为小穗的1/3~1/2,具5脉,被短硬毛或硬刺疣毛,第二颖先端具小尖头,具5脉,脉上具刺状硬毛,脉间被短硬毛;第一外稃草质,上部具7脉,先端延伸成1粗壮芒,内稃与外稃等长(图1-39、图1-40,董伟提供)。

(2)双穗雀稗

多年生,匍匐茎横走、粗壮,长达1米,

图1-36　二点黑尾叶蝉

图1-37　黑尾叶蝉

图1-38　电光叶蝉

向上直立部分高20~40厘米,节生柔毛。叶鞘短于节间,背部具脊,边缘或上部被柔毛;叶舌长、无毛;叶片披针形,无毛。总状花序2枚对连;小穗倒卵状长圆形,顶端尖,疏生微柔毛;第一颖退化或微小;第二颖贴生柔毛,具明显的中脉;第一外稃具3~5脉,通常无毛,顶端尖;第二外稃草质,等长于小穗,黄绿色,顶端尖,被毛(图1-41,董伟提供)。

(3)千金子

两年生草本,全株无毛。根柱状,侧根多而细。茎直立,基部单一,略带紫红色,顶部二歧分枝,灰绿色。叶交互对生,于茎下部密集,于茎上部稀疏,线状披针形,先端渐尖或尖,基部半抱茎,全缘,无叶柄;总苞叶和茎叶均为2枚,卵状长三角形,先端渐尖或急尖,基部近平截或半抱茎,全缘,无柄。花序单生,近钟状,边缘5裂,裂片三角状长圆形,边缘浅波状;腺体新月形,两端具短角,暗褐色。蒴果三棱状球形,长与直径各约1厘米,光滑无毛,花柱早落,成熟时不开裂(图1-42、图1-43,董伟提供)。

图1-39 稗草(1)

图1-40 稗草(2)

图1-41 双穗雀稗

图1-42 千金子幼苗

图1-43 千金子成熟期

图1-44 李氏禾

(4)李氏禾

多年生。具发达匍匐茎和细瘦根茎。秆倾卧地面,节处生根,节部膨大密被倒生微毛。叶鞘短于节间,多平滑;叶舌基部两侧下延与叶鞘边缘相合成鞘边;叶片披针形,粗糙,质硬,有时卷折。圆锥花序开展,分枝较细,直升,无小枝,具角棱。小穗无颖。外稃5脉,脊与边缘具刺状纤毛,两侧具微刺毛;内稃与外稃等长,较窄,3脉(图1-44,董伟提供)。

(5)马唐

秆直立或下部倾斜,膝曲上升,无毛或节生柔毛。叶鞘短于节间,无毛或散生疣基柔毛;叶片线状披针形,基部圆形,边缘较厚,微粗糙,具柔毛或无毛。穗轴直伸或开展,两侧具宽翼,边缘粗糙。小穗椭圆状披针形,脉间及边缘大多具柔毛;第一外稃等长于小穗,具7脉,中脉平滑,两侧的脉间距离较宽,无毛,边脉上具小刺状,粗糙,脉间及边缘生柔毛;第二外稃近革质,灰绿色,顶端渐尖(图1-45、图1-46,董伟提供)。

(6)节节菜

一年生草本植物,多分枝,节上生根,茎常略具4棱,基部常匍匐,上部直立或稍披散。叶对生,无柄或近无柄。花小,通常组成腋生的穗状花序,稀单生。蒴果椭圆形,稍有棱,长约1.5毫米,常2瓣裂(图1-47,董伟提供)。

(7)鸭舌草

雨久花科,雨久花属植物,水生草本;根状茎极短,具柔软须根。茎直立或斜上,全株光滑无毛。叶基生和茎生;叶片形状和大小变化较大,由心状宽卵形、长卵形至披针形。总状花序从叶柄中部抽出,该处叶柄扩大成鞘状;花序梗短,基部有1披针形苞片。蒴果卵形至长圆形,长约1厘米。种子多数,椭圆形,长约1毫米,灰褐色,具8~12个纵条纹(图1-48,董伟提供)。

(8)矮慈姑

泽泻科,慈姑属植物,一年

图1-45 马唐幼苗

图1-46 马唐成熟期

图1-47 节节菜

图1-48 鸭舌草

生,是多年生沼生或沉水草本。有时具短根状茎;匍匐茎短细,根状,末端的芽几乎不膨大。叶条形或披针形。花序总状,具花2~3轮。瘦果两侧压扁,具翅,近倒卵形,背翅具鸡冠状齿裂,果喙自腹侧伸出(图1-49,董伟提供)。

图1-49 矮慈姑

(9)空心莲子草

莲子草属,多年生草本植物,茎基部匍匐,上部上升,管状,不明显,4棱,具分枝,幼茎及叶腋有白色或锈色柔毛,茎老时无毛,仅在两侧纵沟内保留。叶片矩圆

图1-50 空心莲子草

形、矩圆状倒卵形或倒卵状披针形,顶端急尖或圆钝,具短尖,基部渐狭,全缘,两面无毛或上面有贴生毛及缘毛,下面有颗粒状凸起,叶柄无毛或微有柔毛。花密生,成具总花梗的头状花序,单生在叶腋,球形(图1-50,周凤艳提供)。

(10)莎草

多年生草本,茎锐三棱形,基部呈块茎状。匍匐根状茎长,先端具肥大纺锤形的块茎,外皮紫褐色,有棕色毛或黑褐色的毛状物。叶窄线形,短于茎,鞘棕色,常裂成纤维状。叶状苞片2~5片,长于花序或短于花序;长侧枝聚伞花序,辐射枝3~10条;穗状花序稍疏松,为陀螺形,具小穗3~10个,小穗线形,具花8~28朵,小穗轴具较宽的白色透明的翅;鳞片覆瓦状排列,膜质,卵形或长圆状卵形,中间绿色,两侧紫红色或红棕色,具脉5~7条。小坚果长圆状倒卵形(图1-51,周凤艳提供)。

(11)碎米莎草

一年生草本,无根状茎,具须根。秆丛生,细弱或稍粗壮,扁三棱形,基部具少数叶,叶短于秆,叶鞘红棕色或棕紫色。长侧枝聚伞花序复出,具4~9个辐射枝,每个辐射枝具5~10个穗状花序;穗状花序卵形或长圆状卵形,具5~22个小穗,小穗轴上近于无翅;鳞片排列疏松,膜质,宽倒卵形,顶端微缺,具极短的短尖,背面具龙骨状凸起,有3~5条脉,两侧呈黄色或麦秆黄色,上端具白色透明的边。小坚果倒卵形或椭圆形,三棱形,与鳞片等长,褐色,具密的微突起细点(图1-52、图1-53,董伟提供)。

图1-51 莎草

图1-52 碎米莎草幼苗

图1-53 碎米莎草成熟期

(12)日照飘拂草

一年生草本,无根状茎。秆丛生,扁四棱形,有纵槽,基部包着1~3个无叶片的鞘。叶侧扁,剑状,先端刚毛状;鞘侧扁,背面呈龙骨状,边缘膜质,锈色,鞘口斜裂,无叶舌;苞片2~4枚,刚毛状,基部较宽。聚伞花序复出或多枝复出;辐射枝3~6个;小穗单生于辐射枝顶端,球形;鳞片膜质,卵形,栗色,具白色狭边,背面龙骨突起,有三条脉;小坚果倒卵形,麦秆黄色,具疣状凸起和横裂圆形网纹。

图1-54　香附子幼苗

图1-55　香附子成熟期

(13)香附子

匍匐根状茎,具椭圆形块茎。秆稍细弱,锐三棱形,平滑,基部呈块茎状。叶较多,短于秆,平张;鞘棕色,常裂成纤维状。长侧枝聚伞花序;穗状花序轮廓为陀螺形,稍疏松,具3~10个小穗;小穗轴具较宽的白色透明的翅;鳞片稍密的复瓦状排列,膜质,卵形或长圆状卵形,中间绿色,两侧紫红色或红棕色,具5~7条脉。小坚果长圆状倒卵形,三棱形,具细点(图1-54、图1-55,董伟提供)。

(14)碎米知风草

一年生。秆直立或膝曲丛生,具3~4节。叶鞘一般比节间长,松裹茎,无毛;叶舌干膜质,叶片平展,光滑无毛。圆锥花序长圆形,整个花序常超过植株一半以上,分枝纤细,簇生或轮生,腋间无毛。小穗卵圆形,有4~8朵小花,成熟后紫色,自小穗轴由上而下的逐节断落;颖果棕红色并透明,卵圆形(图1-56,周凤艳提供)。

图1-56　碎米知风草

三 稻田绿色防控技术

1. 农业防治

（1）灌水灭蛹：在春季越冬代螟虫化蛹期统一翻耕冬闲田、绿肥田，灌深水浸没稻桩7～10天，连作田早稻收割后及时翻耕灌水淹没稻桩，降低虫源基数。

（2）秧苗培育：用种衣剂拌（浸）种，晚造秧田远离早造发病田块，集中育秧，用20目防虫网、无纺布防护育秧，移栽时剔除疑似病株。

2. 物理防治

（1）灯光诱杀：稻田安装杀虫灯。害虫成虫发生期夜间开灯，诱杀三化螟、二化螟、稻纵卷叶螟、稻飞虱等（图1-57，张效忠提供）。

（2）性诱剂诱杀：在螟虫越冬代和主害代始蛾期至终蛾期，稻纵卷叶螟主害代蛾峰期集中连片使用性信息素，诱杀螟蛾，降低田间虫量（图1-58，张效忠提供）。

图1-57 杀虫灯

图1-58 性诱剂灯

3. 生物防治

（1）生态调控：田埂种植向日葵、大豆、波斯菊等显花植物，改善田间生态环境，保护和利用蜘蛛、寄生蜂、黑肩绿盲蝽、青蛙等自然天敌。

（2）释放天敌：在二化螟蛾高峰期和稻纵卷叶螟迁入代蛾高峰期释放稻螟赤眼蜂。

（3）稻田养鸭：水稻移栽后禾苗开始返青分蘖时，将雏鸭放入稻田饲养，破口抽穗前收鸭，可减轻纹枯病、稻飞虱和杂草等病虫草的发生危害。

（4）施用生物制剂：在三化螟、稻纵卷叶螟卵孵化盛期施用Bt；在叶（苗）瘟出现急性病斑和破口抽穗初期，施用春雷霉素；在水稻孕穗末期或破口前7~10天，施用井冈·蜡芽菌，预防稻曲病，兼治纹枯病。

四 高效低毒防控技术

1. 苗期防治

浸种：采用咪鲜胺、氰烯菌酯浸种，预防恶苗病和稻瘟病。

拌种：用吡虫啉、噻虫嗪或吡蚜酮拌种或浸种，防治稻飞虱，预防南方水稻黑条矮缩病、矮缩病、水稻条纹叶枯病等病毒病。

除草：移栽稻田秧苗1~2叶期，放干田水使用氰氟草酯和苄嘧磺隆防治秧田杂草。直播稻田可在播前使用丁·苄理进行封闭处理或播后1~4天使用丙·苄进行喷雾处理。

送嫁药：秧苗移栽前3~5天施1次送嫁药，早稻预防螟虫和稻瘟病，晚稻预防螟虫、稻飞虱及其传播的病毒病。

2. 后期防治

稻纵卷叶螟：掌握在卵孵高峰期施药，可选用氯虫苯甲酰胺、阿维菌素等。

稻飞虱：选用吡蚜酮、噻嗪酮、氟啶虫胺腈、烯啶虫胺、呋虫胺敌敌畏等药剂。

二化螟：重点抓好水稻破口期和螟卵盛孵期施药，可选用氯虫苯甲

酰胺或氯虫苯甲酰胺·阿维菌素等。

纹枯病：病丛率达20%时及破口期施药防治，可选用苯甲·丙环唑等药剂。

稻瘟病：在水稻分蘖期田间出现病叶或发病中心时施药控制叶瘟，破口抽穗初期施药预防穗颈瘟。可选用三环唑、稻瘟灵、肟菌酯·戊唑醇等药剂。

病毒病：重点防治白背飞虱、叶蝉等传毒媒介，提倡"治虫防病"。

杂草：机插秧田、移栽稻田可在机插移栽前2～3天使用丁·苄理，或机插移栽后3～5天可选用二氯·苄或丁·苄理药土法施药防除稻田杂草。对田间发生的杂草用五氟磺草胺和苄嘧磺隆放水后茎叶均匀喷雾，药后一天复水并保水5～7天。直播稻田在杂草1～2叶期使用丙·苄，或在水稻3叶期后用二氯·苄处理，稗草、千金子；发生量大可在水稻3～4叶期使用五氟磺草胺、氰氟草酯或者噁唑酰草胺处理，茎叶喷雾需排干田水。水稻绿色生产中主要病虫草害化学防治方案详见表1-2。

表1-2　水稻绿色生产主要病虫草害化学防治方案

防治对象	防治时期	农药名称	每亩使用剂量	施用方法	安全间隔期天数
稻瘟病	秧田期至灌浆期	40%嘧菌酯可湿性粉剂	6～8克	喷雾	21
稻曲病	孕穗期至成熟期	43%戊唑醇悬浮剂	4.3～8.6克	喷雾	28
纹枯病	拔节至抽穗扬花期	25%丙环唑乳油	30～40毫升	喷雾	28
稻飞虱	秧田期至成熟期	10%吡虫啉可湿性粉剂	35～45克	喷雾	7
稻蓟马	秧田至抽穗扬花期	50%吡蚜酮可湿性粉剂	15～20克	喷雾	7
螟虫	秧田至抽穗扬花期	8 000IU/毫克Bt可湿性粉剂	250～300克	喷雾	0

续表

防治对象	防治时期	农药名称	使用剂量毫升(克)/亩	施用方法	安全间隔期天数
稻田杂草	移栽前	33%二甲戊灵乳油	150~200毫升	喷雾（土壤封闭）	45
稗草/千金子	返青期至拔节期	25%二氯喹啉酸悬浮剂	12.5~25克	喷雾	28
一年生杂草	杂草1~4叶期	10%氰氟草酯水乳剂	4~7克	喷雾	45
阔叶杂草及莎草科杂草	水稻5~8叶期	13%二甲四氯水剂	30~60克	喷雾	45

注：（1）药剂用量严格按照使用量施用，防止产生药害。
（2）秧田期和苗期每亩药液用量为20~30千克，拔节期后每亩药液用量为30~40千克。
（3）防治多种病虫害时，防治药剂可以现混现用。

第七节 健康晾晒与贮藏加工

一 收获

在米粒失水硬化90%即稻谷黄熟时，及时用联合收割机收获，收获机械、器具应保持洁净、无污染，收获后存放于干燥、无虫鼠害和禽畜的场所。

二 烘干

可选择专用烘干设备，采用低温循环式烘干后贮藏。随着干燥技术的不断发展，人们对干燥技术及干燥设备都有了新的认识，以下介绍几种在烘干水稻中常用的水稻烘干机。

1. 折叠横流式

所谓的横流水稻烘干机，是指水稻从储粮段靠重力向下流至干燥段，加热的空气由热风室受迫横向穿过粮柱，在冷却段则有冷风横向穿过粮层，粮柱的厚度一般为 0.25~0.45 米，干燥段粮柱高度为 3~30 米，冷却段高度为 1~10 米，其特点是：①结构简单，制造方便，成本低；②水稻的流向与热风的流向垂直。存在的问题是：干燥不均匀，进风侧的水稻过干，排气侧则干燥不足，产生了水分差，所以要多次换向解决干燥不均匀，减少水分差。

2. 折叠逆流式

在逆流水稻烘干机中，热风和水稻的流动方向相反，最热的空气首先与最干的粮食接触，粮食的温度接近热风温度，故使用的热风温度不可太高，低温潮湿的水稻则与温度较低的湿空气接触，容易产生饱和现象。在烘干高水分水稻时谷层温度有一个最佳值，由于水稻和热风平行流动，因此，所有水稻在流动过程中受到相同的干燥处理。其特点是：热效率较高；粮食温度较高，接近热风温度；粮食水分和温度比较均匀。

3. 折叠顺流式

在顺流式水稻烘干机中，热风和水稻的流向相同，高温热风首先与最湿、最冷的水稻相遇，因而它的干燥特性不同于横流烘干机，顺流烘干机比传统横流烘干机节能30%，在干燥段间设有缓苏。其特点如下：其热风与水稻同向流动；可以使用很高的热风温度如200~285℃而不使粮温过高，因此干燥速度快，单位热耗低，效率较高；热风首先与最湿、最冷的水稻接触；热风和粮食平行流动，干燥质量较好；干燥均匀，无水分梯度；适合干燥高水分的水稻；粮层较厚，粮食对气流的阻力大，因此所用风机的功率也较大。

4. 折叠混流式

混流式水稻烘干机内交替布置着一排排的进气和排气角状盒,水稻按照"S"形曲线向下流动,交替受到高温和低温气流的作用,其流动曲线很好地解决了粮粒之间的换向,使粮粒受热更均匀,随着风温的提高,蒸发一定量的水分所需要的热风量也相应减少,所以使用的风机也可小一些。其特点是:由于谷层厚度比横流和顺流的小,气流阻力降低,风机的功率较小,单位电耗的生产率较高;烘干机可以采用积木式结构,方便组装和生产;在混流式烘干机中,谷物不是连续地暴露在高温气流中,而是受到高低气流的交替作用,因此粮食烘干后品质好,裂纹率和热损伤相对小一些,从热风和粮食的相对运动来看,混流干燥过程相当于顺流和逆流交替作用。

三 贮藏

在避光、常温、干燥、有防潮设施的地方贮藏。贮藏设施应清洁、干燥、通风、无虫害和鼠害。严禁与有毒、有害、有腐蚀性、发潮、有异味的物品混存。

若进行仓库消毒、熏蒸处理,严禁使用高毒、高残留农药防治稻谷贮藏期病虫害,所用药剂应符合国家有关规定,并按具体说明使用,不得过量。具体可参照NY/T 1056标准进行。

第二章 香稻直播技术

水稻直播就是将种子直接撒播到大田上的一种栽培模式,既省去了育秧和移栽环节,又节约了人工成本。

水稻直播与水稻移栽模式相比,具有无缓苗期、分蘖早、低位分蘖多、有效穗多、成熟期早、省工、省力等优点。直播栽培根系较浅,后期易倒伏,所以应考虑选择矮秆、耐肥、抗倒、发根力强的中穗型高产优质品种。生育期方面应根据茬口选择生育期适中(一般不超过135天)的早、中熟品种。目前,香稻直播面积占香稻总面积的40%左右,机插秧面积占40%,人工手插秧和抛秧面积各占10%。其中,规模种植大户水稻栽插方式是机插秧和直播面积各占一半。

在直播方式上,有旱直播出苗以后灌水管理的,有水直播出苗后旱管的。这两种方式应用区域不同,前者在沿江、沿湖地区应用较多,主要利用这些田块地下水位高,有夜潮土,有利于出苗;但是这两种播种方式杂草较多,难以除去。

第一节 直播技术

一 直播稻的种类

水稻直播分为旱直播和水直播。

1. 旱直播

旱直播是指田块在干旱、缺水的情况下，经犁耙施入基肥将已浸种催芽或干谷的稻种拌种衣剂后直接播入大田，再覆盖稻种后喷除草剂，利用自然降雨或灌溉达到田间湿润使稻种发芽，出苗后按常规进行管理。春旱缺水田块采取此项技术能按季节播种，一旦降雨，既可赶上季节又可避免搁荒。旱直播栽培技术具有抗旱、抗寒、节水、省工、省力、操作简便等优点。

2. 水直播

水源条件良好的地区一般采用旋耕灭茬再耙田整平，然后放水落干沉实1夜，第二天留瓜皮水播种。优点是整地省工、田面容易整平、耕作层土壤松软、灌水层稳定，可利用灌水层的保温作用提高泥温防御冷害，促进种子发芽、立苗和生长。缺点是如果排水晾田不及时、不彻底或遇阴雨天气，在扎根立苗阶段常出现烂种、烂芽，造成缺苗。

二、直播稻生产上存在的问题

水稻直播由于气候原因、种子原因、管理不到位等因素影响，目前水稻直播技术也存在着一些问题。

1. 难全苗

直播对土地整理和收获要求较高，秧田整得过硬，播后不踏谷，遇暴晴天气易干芽死苗，遇寒流易烂秧。秧田整得不平，雨后天晴低洼处积水易高温死苗。连年直播易造成耕作层变浅，影响产量和米质。

2. 草害重

稻田杂草历来都是很难解决的问题，由于直播稻田间空隙度大，苗草在同一起跑线上竞争，杂草与水稻共生期长，且生长势往往强于稻苗。直播稻田杂草表现为种类多、发生量大、生长快、危害重，如果除草

管理不到位,直接影响水稻的成穗率和产量。

3.易倒伏

由于直播稻的根系较浅,植株比移栽的高,后期管理不到位非常容易倒伏。所以在生产中要注意抓好干板齐苗、全苗早发、除草防害、增肥防早衰、健壮栽培防倒伏等技术措施。

4.落田谷

落田谷又称为杂草稻,是上季水稻落谷萌发的植株,其中有一类长势强、成熟早、易落粒、不易烂、生命力强,成熟时剥开谷壳里面是红米,因其与水稻极为相像,被称为"小红稻"。杂草稻在部分田块经过大量积累对播种秧田形成"封杀"之势,严重影响水稻的产量和品质。

三 直播稻高产栽培技术要点

要获得直播稻优质高产,必须根据直播稻的品种特性和技术标准组织生产和管理。要及时抓好品种选择、精细整地、适时播种、科学施肥、科学管水、病虫害防治等各个环节。

1.品种选择

在品种选择上,一是要选择生育期适中的早、中熟品种;二是要选择矮秆、耐肥、抗倒、发根力强的大穗型高产优质品种。早稻直播时常常受气温条件影响,双晚直播受前作和寒露风制约。各地应根据气候条件选择适合品种合理安排茬口,在小范围试验试种的前提下,总结经验逐步进行大面积种植,不能盲目推行。

旱直播浸种前一周晒种1~2天,用清水间歇浸种,浸露交替、少浸多露,杂交稻浸种时间不超过8个小时,常规稻浸种时间可比杂交稻稍长。催芽时要求催到芽长半粒谷,播种前摊晾半天再抢晴播种。

2. 精细整地

最好选择免耕麦、板茬稻套麦或板茬油菜茬口,可利用原茬口的田面平整和沟系条件,做到早翻耕、田面平、田面泥软硬适中,田中排水、灌水畅通。播种前一天要做好田面平整工作,待泥浆沉实后播种。

3. 适时播种

直播水稻要提高播种质量,适时播种,确保一播全苗是技术关键。移栽水稻比直播水稻要早播7~10天。前茬为冬闲田的中稻直播,时间为5月5日至15日;对于油菜茬口的单季稻,直播期为5月25日至5月30日;小麦茬,以直播中晚粳为宜(中籼稻只能选择早熟品种),可在6月5日至15日,安全直播期尽量控制在6月20日前。

播种量:品种特性决定播种量,对分蘖力弱、株型紧凑、千粒重高、早熟的品种可适量加大播种量,反之可减少播种量。直播稻有效穗以主穗和低节位分蘖穗为主,所以要通过密播保证足够的基本苗。杂交中籼稻1.5~2千克/亩,杂交中粳稻2~2.5千克/亩,常规中籼稻2.5~3千克/亩,常规中粳稻3~4千克/亩;穴播杂交稻2~3粒/穴,常规稻3~4粒/穴。

行株距:条播和穴播行距为25~30厘米;穴播株距为14~16厘米。

4. 科学施肥

施肥要满足早稻"前期快发,中期稳长,后期防衰"的需求,采用"前促、中控、后补"的方法,基肥占施肥总量的60%,追肥占施肥总量的40%,要求氮、磷、钾平衡,忌偏施氮素肥料。

氮、磷、钾肥亩用量(纯)一般为12:5:10,氮肥基肥:苗肥:促蘖肥:穗肥比例分别为5:1:2:2,钾肥基肥和穗肥分别为8:2。

基肥在耕整前1~3天撒施,分蘖肥于秧苗3叶期追施,穗肥在孕穗中期根据秧苗叶色追施。

5. 科学管水

田间沟系配套灌排流畅。直播栽培为使田间灌排水便利,通常于田间四周挖有浅的灌溉、排水沟,方便灌、排水,有利于水稻成活。若用机械追肥、喷药,在田间固定距离内需留出作业道,便于追肥、喷药等田间作业。

科学管水是直播稻夺取高产的关键。管水策略为"播后晒田促立针,浅水灌溉促分蘖,适时晒田控群体,干湿交替促灌浆"。从播种到1.5叶,做好"晴天满沟水,阴天半沟水,雨天排干水",坚持秧田湿润。1.5~3叶以湿润灌溉为主,促根系深扎;3~5叶浅水勤灌,促分蘖,其间多次露田;5~6叶轻晒田;7~8叶重晒田控制无效分蘖。始穗到齐穗期是水稻的需水高峰期,齐穗后要干湿交替,保根护叶防早衰,保叶增重,收获前7~10天断水。

6. 病虫害防治

直播稻苗多、封行早,田间较荫蔽,病虫害发生率较高,特别是水稻纹枯病、稻飞虱、卷叶螟等病虫害必须进行综合防治。稻田要统防统治,即统一防治时间、统一防治药剂、统一防治方法。特别是稻田管理的中后期,纹枯病、稻瘟病、纵卷叶螟、二化螟和稻飞虱的防治,做好统防统治能将危害程度降到最低。

防治纹枯病、稻曲病,可选择50%氟环唑悬浮剂12~15毫升/亩或20%烯肟菌胺·戊唑醇30~50毫升/亩;防治稻瘟病可选择20%三环唑可湿性粉剂75~100克/亩或30%稻瘟灵乳油100~150毫升/亩;防治二化螟可选择10%四氯虫酰胺悬浮剂40克/亩或3%阿维菌素微乳剂10~20毫升/亩;防治稻飞虱可选择50%吡蚜酮可湿性粉剂10克/亩;防治稻纵卷叶螟可选择10%四氯虫酰胺悬浮剂40克/亩。

第二章 香稻直播技术

▶ 第二节 晒田时期和程度

倒伏是直播水稻面临的最大问题,在这里重点介绍一下直播水稻晒田时期和程度。从有效分蘖末期到穗分化始期是水稻最耐旱的时期。生产实践证明,此时期适度晒田能有效促使秧苗根系的发育,增加营养吸收量,起到发根、防病、抗倒、早熟、增产的良好效果,是营养生长转化为生殖生长的重要环节。

关于晒田作用,请参见第一章的相关内容。

▶ 第三节 直播田杂草防除技术

由于多年的直播,导致一些杂草产生抗药性,用除草剂难以除掉。其中发生普遍、危害严重的常见主要杂草约有40种,主要有稗草、异型莎草、牛毛毡、水莎草、眼子菜、碎米莎草、鸭舌草、矮慈姑、水苋菜、千金子、空心莲子草、鳢肠、陌上菜、萤蔺苹等。一般年份,农户在除草上要进行3~4次,花费成本100元以上,但是杂草依然危害严重,会导致部分田块倒伏造成减产,一般直播田块较机插秧田块减产15%左右,令承包户减产、减收。

一 直播稻除草技术

水稻直播田块杂草以空心莲子草、浮萍、眼子菜等阔叶杂草和三楞草、野荸荠、香附子、碎米莎草、水蜈蚣等莎草科杂草为主,一般有两个高峰期,第一峰期在播后5~7天出现,一般占总出草量的60%左右,以稗

草、千金子等禾本科杂草为主。第二峰期为播后7~20天，一般能占到总出草量的25%左右。防治技术如下：

1. 芽前土壤封闭技术

在整好田后用38%噁草酮（稻旺）50毫升喷施或撒施，48个小时后放干水，播种露白的种子。大田要整平、播种时田内无明水、种子要露白。

2. 水稻种子播种后的封闭技术与药剂使用

直播田用的除草剂以吡嘧磺隆·丙草胺或苄嘧磺隆·丙草胺可湿性粉剂为主。用药前排干田水，保持田间湿润状态或有2~3毫米的浅水层。催芽播种的在播后24个小时即可用药，盲谷播种的在播后第三天可以用药。

3. 直播田出苗后茎叶处理技术与使用的药剂

防除稗草的除草剂有二氯喹啉酸或二氯喹啉酸·苄嘧磺隆，或进口的稻杰，或22%五氟磺草胺。防除千金子的药剂有氰氟草酯或氰氟草酯与精噁唑禾草灵复配。

二、直播水稻杂草防控体系

水稻直播田杂草防除主要采取化学防除，生产上现已形成"一封、二杀、三补"的杂草防控体系，即重视前期封闭降低杂草基数，中后期根据杂草情况进行补杀，是解决稻田杂草草害及抗药性问题的可行性手段。

1. "一封"即播后苗前封闭除草

可选择40%苄嘧·丙草胺可湿性粉剂60~80克/亩喷雾，药后田间保持湿润，田面不能有积水。

2. "二杀"即苗后除草

杂草龄期较小时选择36%苄嘧磺隆·二氯喹啉酸可湿性粉剂30克/亩茎叶喷雾，或25克/升五氟磺草胺可分散油悬浮剂80~100毫升/亩+10%

第二章 香稻直播技术

氰氟草酯乳油60~80毫升/亩,混配后茎叶喷雾。

3."三补"即水稻进入分蘖期至拔节期间除草

若田间仍有一些恶性杂草发生,可选择10%噁唑酰草胺乳油70~80毫升/亩+10%氰氟草酯乳油100毫升/亩混配,或460克/升灭草松·二甲四氯可溶液剂133~167毫升/亩,茎叶喷雾。

三 直播田块除草注意事项

土壤有机质含量低、沙质土、低洼地等用低剂量,土壤有机质含量高、黏质土、气候干旱、土壤含水量低等用高剂量。土壤墒情不足或干旱气候条件下,用药后需混土3~5厘米。药剂在土壤中的吸附性强,不会被淋到土壤深层,施药后遇雨不仅不会影响除草效果,而且可以提高除草效果,不必重喷。在土壤中的持效期为45~60天。

1.除草剂最佳使用时期

首选用药适期是水稻4叶期、杂草3叶期喷雾防治效果好,成本低。如果错过防治适期,之后杂草每增加1片叶,每亩要相应增加药剂量才能达到好的效果。使用此类药剂还应注意,用前排干田水,药后2~3天上水,以不淹没稻心为准。切忌灌水除草,以免降低药液浓度,达不到除草效果。

2.旱直播除草剂的选择

可以用禾草敌播前封闭,用二甲戊灵、吡嘧磺隆、苄嘧磺隆封闭芽前除草。

3.水直播除草剂的选择

可以用吡嘧磺隆或苄嘧磺隆+丙草胺的复配剂芽前封闭。苗后可以根据草相选用吡嘧磺隆、苄嘧磺隆、双草醚、嘧啶肟草醚、噁唑酰草胺、氯氟吡氧乙酸、二甲四氯、二氯喹啉酸、氰氟草酯、五氟磺草胺、禾草丹等。

第三章 香稻共育技术

第一节 香稻鸭共育技术

一、技术概述

1. 技术基本情况

稻鸭共育绿色种养技术是20世纪90年代从日本引进的一项引智技术,以生产无农(兽)药残留的安全、优质大米和鸭子为目的,是种养结合、生态循环型农业生产技术。该"稻—鸭—草共育生态种养技术"在原稻鸭共育绿色种养技术的基础上,添加了人工牧草种植技术,同时完善了补饲精料配方技术与精准防疫措施。此技术模式一方面解决了稻田农药、除草剂滥用,稻谷农残超标等问题,另一方面为役鸭(除草的麻鸭或半番鸭等)提供充足的活动场地的同时,也提供更多的青饲料与昆虫等非常规饲料源(图3-1,张效忠提供)。

图3-1 稻鸭共生

2.技术示范推广情况

"稻—鸭—草共育生态种养技术"目前已在我省南方稻米产区如当涂、望江、宿松、怀宁等地得到了推广,取得了显著成效,已成为增加农民收入与产业脱贫致富的重要选择。

3.提质增效情况

开展稻—鸭—草共育技术的稻田,以平均亩产550千克无公害稻谷计算,由于减少了农药、化肥的使用,因减少农残、施用鸭粪有机肥以及选用优质稻品种,加上约3%的保底增产效益,仅稻谷一项,因品质提高与增产可增收550元/亩以上;以每亩放养15只鸭子,每只鸭子上市售价60元计算,扣除每亩增加投入(主要有购买鸭苗费用、建设围网、简易鸭棚、草种及补饲的专用精料等饲料及疫苗费用)40元,亩均增加收入约300元。上述两项合计增加收入约850元/亩,经济与生态效益显著。

4.技术获奖情况

该项技术已制定了安徽省地方标准两项:《"稻—鸭—紫云英"绿色模式生产技术规程》(DB34/T 3124—2018),《稻鸭共生生产技术规程》(DB34/T 889—2009);撰写了《稻鸭共生技术专辑》1套。技术支撑:发明专利:"一种用于改善禽肉风味并延长其货架寿命的饲料添加剂"(ZL201010203958.2),新兽药证书"鸭病毒性肝炎活疫苗",以及禽产品硒、天然色素及ω-3脂肪酸富集技术等。

(二) 技术要点

1.鸭品种的选择

由于稻田养鸭主要在野外稻田内活动,因此鸭品种应选择抗病力强、喜爱运动、体形较小、喜食野生动植物的鸭品种。我省特禽品种枞阳媒鸭、巢湖麻鸭、新培育的半番鸭,以及蛋用绍鸭、天府肉麻鸭等均适于

推广稻鸭共育的鸭品种。

2. 香稻品种的特点

香稻品种既有抗倒伏能力较强的特点,又有生育期适中、米质清香可口等优势。

3. 稻田的准备

稻田以较为平坦、连片且水源充足的田地为宜。稻田周围应架设高0.5~1米的铁丝围网,以防止鸭子出逃或其他动物进入稻田猎食鸭子,注意围网网眼大小,选择适宜网眼,不能套住鸭头。10~20亩为1个放养小区,每个小区设1个简易鸭棚,便于鸭子遮阳躲雨和补饲。稻田内水深应保持在10~15厘米,以鸭子在田内活动可以抓到浮泥为宜。秧苗间距以20厘米×30厘米为宜,稻田内插秧后7~10天可以放入雏鸭。为了增加田间生物量,可以提前在拟放养田中有意识地投放一些细绿萍、浮萍等,既增加青饲料产量,又可抑制难以根除的尖叶杂草。

4. 鸭的准备与饲养管理

刚出壳的雏鸭不宜直接放入稻田,应在育雏舍培育7天左右再转入稻田的简易鸭棚内。在简易鸭棚内适应2~3天后再将雏鸭放入稻田内活动。转鸭的时间应选择在天气晴朗的时间进行,以提高雏鸭成活率。

稻鸭共育期间的管理:鸭子入田后稻田的除草、除虫、中耕及施肥即可由鸭子完成,不需要人工干涉。在鸭子入田初期稻田内水草较少,应加大补饲力度,根据田间杂草与昆虫等生物量丰富程度,灵活掌握补饲强度。一般每天补饲由最多时4次雏鸭料逐渐减少到1次生长鸭料。

(1)生长后期(上市前30天)肉用鸭补饲日粮配方:玉米55%、稻谷(或者麦类+酶制剂)25%、豆粕11.5%、花生饼粕4.5%、专用预混料4%。

(2)产蛋鸭补饲日粮配方:玉米55%、稻谷(或者麦类+专一酶制剂)19%、豆粕11.5%、花生饼粕3%、菜饼粕3.5%、石粉4%、专用预混料4%。

配制的专用补充精料不含药物添加剂与合成色素,以替代传统纯粹的原粮如玉米、稻谷补饲,克服由于缺乏蛋白质等营养对役鸭生产性能与鸭肉品质产生的不良影响,提高役鸭商品价值与养殖效益。

为了降低役鸭发病风险需要做好以下科学防疫。

①育雏驯养期间:

1日龄,鸭病毒性肝炎弱毒苗,1羽份/只,皮下注射。

6日龄,鸭传染性浆膜炎—雏鸭大肠杆菌病多价蜂胶复合佐剂灭活苗,腿根内侧皮下注射0.3~0.5毫升。

10日龄,禽流感(H5N1+H9N2)二联油乳剂灭活苗0.3~0.5毫升,颈部皮下注射。

15日龄,鸭瘟活疫苗,肌肉注射0.5羽份/只。

②稻田放养后:

30日龄,鸭瘟活疫苗二免,肌肉注射1羽份/只;新流二联油苗0.5毫升/只,颈部皮下注射。

40日龄,禽流感H5亚型(Re-6/7/8)油乳剂灭活苗0.5毫升,颈部皮下注射。

50日龄,禽霍乱灭活苗首免,皮下注射0.5~1毫升。

③离田产蛋母鸭:

120日龄,禽流感H5亚型(Re-6/7/8)油乳剂灭活苗1毫升,颈部皮下注射。

以上程序需根据当地疫病流行现状进行优化和调整。

5. 人工牧草种植

根据上季稻谷收获期与田块地势,在冬闲田期间可以考虑种植黑麦草、菊苣(低洼田不宜)、紫云英与三叶草(宜与禾本科牧草混播)等常规草种,在冬春季人工收割后切碎,直接投饲给留用产蛋的放养肉蛋兼用

鸭(如巢湖麻鸭)、蛋鸭(如绍鸭)等,或者晒制成干草作为青粗饲料使用以节省精料成本,特别是可以提高肉蛋品质及其商业价值。

三 适宜区域

本技术在种植水稻的地域均可推广应用。

四 注意事项

鸭子入田后要注意疫病防控,制定相应的防疫程序,如有发病应及时治疗。注意天敌老鹰、黄鼠狼、野猫、野狗的危害,通过放养警觉性强的经过防疫的健康的皖西白鹅(成年公鹅),可以起到哨兵功用。

对于有飞翔能力的役鸭(如枞阳媒鸭、绿头野鸭),田间饲养至70日龄时,应该将一侧翅膀大羽片及时剪掉以防飞翔。注意补饲精料无霉变、营养合理。水稻抽穗灌浆时为防止鸭子采食谷穗,要将鸭子收回,栈养在田边搭建的鸭棚里,给予营养全价配合饲料与青饲料投饲圈养、育肥。

第二节 香稻虾共育技术

一 香稻特性

选择香稻具有早熟、抗倒伏、适应广,适合作为虾稻种植栽培。米质优、米香、外观油量、口感好有利于打造高端优质米。

二 虾田水稻种植技术

1.种子处理

用药剂种子处理是防治恶苗病最有效的方法,用25%氰烯菌脂1包(2克),对水4~5千克,浸种3~4千克(约1亩大田用种量),浸足48个小时,再进行常温催芽。浸种过程要尽量在室内进行,室外浸种的容器上要加盖覆盖物,避免日晒雨淋而影响药效。同时,浸种时药液要搅拌均匀,种子严禁装在袋内进行浸种。

为了提高种子的发芽率、增强发芽势,浸种前要进行晒种。用50%的多菌灵100克,加水50千克浸种;或35%的恶苗灵120克,对水50千克浸种40千克;或25%施保克、25%使百克、25%菌威均为同一类药剂,分别用10毫升对水50千克浸种40千克,浸种时间不低于48个小时。

药液浸种必须注意的是,液面一定要高出种子层面15～20厘米,供种子吸收。同时,在浸种过程中,药液面要保持静止状态,中途不能搅拌,也不能重复使用,以保证闷死病菌。使用包衣剂包衣后再播种。亩用25%使百克30～40毫升加15%多效唑5克对水50千克进行喷施。必要时,也可喷洒95%绿亨1号(噁霉灵)精品4 000倍液。

2. 适期播种,合理密植

4月底至6月中旬播种,亩播种量2.5千克左右。

3. 科学管理水肥

亩施纯氮肥12～15千克,氮、磷、钾的比例为2∶1∶(2～3),分蘖肥早追施,用量适当重些,达到蘖够、健壮,为足穗打下基础,穗粒肥看苗合理施用,防止脱肥。要求生育前期浅水勤灌,中期适时适当晒田,后期湿润灌溉,切忌断水过早,以免影响米质和产量。

4. 防治病虫草害

根据当地病虫害发生流行情况,适时适度用药,主要防治对象是稻蓟马、稻纵卷叶螟、三化螟、纹枯病、稻瘟病、稻曲病等主要病虫害。稻瘟病:加收米(春日霉素、春雷霉素);纹枯病+稻曲病:井冈·嘧甘素(阿特米、金素清);稻纵+稻飞虱+二化螟:勤田助(溴氰虫酰胺+三氯苯嘧啶)及氯虫苯甲酰胺产品(康宽、优福宽)或混剂产品。稻田除草剂采用扫弗特、双唑草腈封闭。要特别注意,任何农药都不要过量使用。井冈霉素、申嗪霉素、春雷霉素、多抗霉素可以用于虾稻田水稻防病,烯啶虫胺、氟啶虫胺腈可以用于虾稻田防治稻飞虱。

三、虾田养殖技术

1. 虾田选择

田:田块平整,单块面积5~50亩均可,以20亩最为适宜,梯形田块也可因地制宜改造。连片面积100亩以上为好,与周边农田隔开,避免农药直接进入稻虾种养区,产生药害(图3-2,张效忠提供)。

图3-2 稻虾共育

土:土质以壤土、黏土较好,砂土、碎石土不宜,因为小龙虾打洞易塌陷,且保水性能差。

水:水源充足,尤其是秋季、冬季、早春水源要充沛,排灌方便,不宜被淹没。水质良好,无工业、农业和生活污水污染。

路:交通便捷,主干道砂石等级路面以上,车辆能进入稻虾种养区。

电:通电(三相动力电、照明用电),便于水泵抽水、看管。

房:在连片养殖区适宜位置建管理房,人住看管,存放饲料、用具等。

2. 田间工程

虾沟:根据稻田地貌类型、面积大小选择开挖环沟、"U"形沟、"L"形沟、单边沟。面积15～50亩挖环沟,10～15亩挖"U"形沟,5～10亩挖"L"形沟,5亩以下挖单边沟。离田埂1～1.5米开挖,沟上宽4～5米,底宽1米左右,沟深1～1.2米,坡比为1:1.6,沟面积占稻田面积10%以内。单块稻田面积在50亩以上,要在稻田中间开挖"十"字沟,沟宽1米、深0.5米,便于稻田放水时小龙虾回到环沟。环沟需在田块一侧预留5米宽的机耕路(沟底部埋直径为30～50厘米涵管),便于机耕、机插、机收。

田埂:用挖沟的土加高、加宽稻田四周田埂,做成的田埂,埂宽2米,高出田面0.8～1米,田埂需用挖掘机夯实碾压,防坍塌。虾苗繁育田虾沟与稻田边还要筑起高0.3米、宽0.5米的小土埂,便于小龙虾打洞避暑、繁育、冬眠。

管渠:连片规模种养区进、排水渠要分开,单块田进、排水口设置在稻田对角线上,可选用直径20厘米以上PVC管。进水管道口上应套上网目为60目筛绢布做成的网袋,网袋直径30厘米、长3米,防止进水时野杂鱼进入稻田与龙虾争食、争氧。排水管道口应罩上20～40目筛绢布做成的密眼虾罩,防止放水时虾苗、小龙虾逃逸。使用时应经常检查、搓洗,发现破损应及时更换。

防逃:在外埂内侧设置防逃设施,可选用厚(30丝以上)塑料薄膜,基部埋入土10～20厘米,顶端高出埂面50～60厘米,每隔1～2米,使用1根木棍或竹竿支撑防逃薄膜,防逃薄膜与埂面垂直,拐弯处做成圆弧形。

洗田:新挖稻田要放水(田面水深15厘米)浸泡2～3次,全田泼洒解毒净水产品1次,降低农药残留。

除野:野杂鱼与小龙虾争食、争空间、争氧气,泥鳅、黄鳝、黑鱼等甚至会摄食虾苗、软壳虾。稻田中泥鳅、黄鳝可用黄鳝笼子张捕或在稻田翻耕时捕捉。环沟可用生石灰(水深20厘米,75～100千克/亩)、漂白粉(水深20厘米,8～10千克/亩)、茶粕(水深30厘米,15～20千克/亩,使用

时加水浸泡24个小时,)等对水泼洒清除野杂鱼。

3. 种植水草

水草为小龙虾提供隐蔽、栖息、蜕壳的场所,还能作为小龙虾的食物、净化水质,俗话说"虾多少看水草、虾大小看水草",水草种植是养殖小龙虾的关键因素之一。4月上旬放虾苗时水草覆盖面要达到50%。

水草品种:田畈上种植伊乐藻,环沟里移栽水花生、空心菜。

种植时间:伊乐藻12月底前,水花生次年3月份,空心菜次年4月份。

栽种方法:伊乐藻,在田坂上每隔8米旋耕2米的栽草区,在旋耕区内每隔5~6米种植1团伊乐藻(将1把伊乐藻放在田面上,中间用土块压实即可),呈点状分布。水花生,每隔10米,距埂1~2米,移植1盘水花生(直径约2米),用竹竿固定住。水花生要洗净、消毒后移植,防止携带野杂鱼卵。空心菜可沿外埂四周,每隔5米,种植空心菜1棵,其植株延伸至水面,可作为浮水植物。

巧施粪肥:在水草种植区于旋耕前每亩施发酵腐熟的畜禽粪150~250千克,促进水草生长,培肥水质,防止次年春天滋生青苔。

缓慢加水:伊乐藻浅水移栽,随着水草生长,缓慢加水,始终保持草头淹没于水下。

水草维护:观察伊乐藻生长,如发现伊乐藻长势较慢,可追施复合肥。4—5月份,如伊乐藻疯长,需及时割除、打头,保持草头在水面下20厘米。若水草挂脏,可泼洒腐质酸钠、利用EM菌调水等,保持水草清爽。发现水草有虫害可使用阿维菌素杀灭。

4. 肥水和消毒

肥水:3月份,保持稻田平滩处水位30厘米。及时用好肥水,培养饵料生物,促进水草发棵生长,可施用氨基酸硅藻旺、氨基酸肥水膏等低温肥水产品(按产品说明书使用);或施用充分发酵的菜籽饼(15千克/亩)。

菜籽饼发酵方法：按照菜籽饼50千克+水100千克+EM菌1~2千克+红糖1.5千克配比，低温下，密封发酵10~15天；或者使用充分发酵的沼液，每亩使用25~50千克，视水质肥力，酌情增减。若水质清瘦，可另外增施7.5~10千克复合肥，增加肥效；4月上中旬，小龙虾放养前，水质要肥、活、嫩、爽。

消毒：3月份，若稻田有鲫鱼、泥鳅、黄鳝等野杂鱼，可采用清塘灵、杀鱼灵等药物清除野杂鱼；如稻田有存田虾苗，可选用鱼藤酮类、茶籽饼等杀鱼不杀虾的药物清除野杂鱼，之后，采用碘制剂消毒和有机酸解毒剂解毒。如无野杂鱼，可不清塘消毒，但需要进行解毒、肥水，培育天然饵料，供虾苗摄食，且防控青苔滋生等。

5.虾苗选购、运输和放养

3月底至4月中旬，开始选购和放养虾苗，保障虾苗质量，注重放养方法，提高放养成活率，是小龙虾养殖成功的关键环节。

虾苗选购：选购的虾苗要求规格为160~200尾/千克，体色呈浅黄色。宜选购虾田或塘繁育的虾苗，或就近选购野生虾苗，严禁选购经长途运输、多次贩卖的幼虾、青壳虾。

虾苗运输：外购虾苗运输距离控制在1~2小时为宜，使用专用运虾框包装虾苗，每框堆放虾苗不宜超过5厘米；利用密封空调车运输，避免冰块降温，保持车厢内温度在15℃左右。若车程超过2个小时，需要降低虾苗包装厚度，虾苗起运前，需要利用提前备好的水温与气温相近的井水冲洗虾苗，去除虾体表污物。宜选择夜里起运，早晨8点前运抵放养稻田。运输途中，每隔1~2个小时洒水1次，以保持虾苗体表湿润。车辆匀速行驶，避免颠簸。

虾苗放养：选择晴天早晨放养虾苗，避免阳光直射。虾苗放养前，需要培肥水质，实行虾苗肥水下田。水草覆盖率在50%以上，若水草覆盖率

低,要降低虾苗放养量。放虾的前天下午,全池泼洒应激维生素C,降低虾苗应激反应。虾苗运抵稻田后,将虾苗在稻田水中浸洗2~3次,平衡虾苗体温5~10分钟,并利用20克/米³的高锰酸钾溶液浸泡消毒1分钟左右。虾苗沿稻田中间或者均匀散开放养,每亩放养25~30千克。虾苗价格不宜超过40元/千克,若虾苗价格达50元/千克,每亩放养量需减少到15~20千克为宜。投放后及时投喂,可拌饲投喂应激维生素C 7天,避免虾苗产生应激死亡。

6.饲料投喂

虾苗投放后第2天,及时投喂,以增强体质、提高免疫力、减少应激反应、提高虾苗放养成活率、提高生长速度,提早上市。

饲料种类:以膨化沉性颗粒饲料(蛋白含量为28%~32%,粒径为2~5毫米)为主,搭配投喂冰鲜鱼、小杂鱼、黄豆、玉米、小麦、发酵豆粕等。颗粒饲料可选择嘉吉、通威、海大、奥华等知名饲料品牌。冰鲜鱼切碎投喂;黄豆、玉米、小麦需煮熟后投喂;豆粕发酵后投喂。豆粕发酵方法:50千克豆粕+EM原露3千克+红糖3千克+50%~60%冷开水,利用塑料薄膜密封后,放在房间里发酵7天左右,以豆粕(成团、不滴水)发出香味为准,即可投喂。

投喂方法:按月份及气候投喂,适时调整投喂量。沿稻田中央水草空档区及沟边浅水处均匀投喂饲料,为方便投饵、捕捞,每块田(或几块田共用)应配置一个硬质塑料船。

3月份,日投饲率在1%左右,每亩投喂颗粒饲料0.5千克,并逐渐加量,每天下午4:30投喂1次。

4月份以后,日投饲率为2%~4%,每天早晨7:00投喂黄豆、玉米、小麦、饼粕类等,每天下午4:30投喂全价颗粒饲料,每亩每天投喂1~2千克,以下午为主,投喂量占全天投喂量的70%。

至5月底,日投饲率为5%~6%,饲料可投喂2.5~5千克/亩,每天早晨7:00投喂30%的发酵豆粕、小杂鱼、黄豆、玉米等;下午4:30投喂70%的全价颗粒饲料。

具体投喂量,可根据以下经验进行估算:

①设置食台,每天检查饲料的剩余情况,酌情增减。

②观察小龙虾的夹草情况,若出现夹草及水浑情况,可酌情增加投喂量;若为水质问题,需要减量投喂,并加强水质调节。

③根据小龙虾的捕捞量,一笼捕捞2.5~3千克,需要投喂饲料2.5~3千克/亩;一笼捕捞3.5~4千克,需要投喂饲料4千克/亩。

7. 水质调节

(1)水位调控

3月份,虾苗放养前,保持水位30厘米;4月份,虾苗放养后,逐渐加深水位至30~40厘米;5月份,视气温高低,将水位加至60~70厘米;6月份,逐渐排水至40~50厘米,便于捕虾。

(2)水质调节

3月份,可使用氨基酸硅藻旺等低温肥水产品+培水素或藻种等肥水;若池塘滋生青苔,可使用青苔灵1次或腐殖酸钠1~2次;使用青苔灵杀青苔后,需要使用分解底改和水体解毒剂后,再肥水。

4月份之后,每隔7~10天使用1次分解底改、水体解毒剂、微生态制剂(EM菌、光合细菌、芽孢杆菌等)调水;每隔7~10天,换水1次。若水体肥度低,微生态制剂可与氨基酸肥水膏配合使用。

5月份,每隔5~7天使用上述产品调水1次。若水体沙虫较多,需要先杀菌杀虫、解毒,再肥水、调水。五六月份,每隔5~7天,换水1次,每次换水20%~50%,保持水质"肥""活""嫩""爽",促进小龙虾快速生长。

8. 疾病预防

近年来，小龙虾病毒病、肠炎、黑鳃病、脱壳不遂等疾病在我省蔓延，主要病原是由白斑综合征病毒（WSSV）、弗氏柠檬酸杆菌引起，主要侵袭龙虾肝、胰腺，五六月份是小龙虾发病高峰期。小龙虾疾病以预防为主，一旦发病，难以控制，唯有抓紧捕捞上市，减少损失。主要预防措施如下：

一是虾苗投放后，连续拌饲投喂应激维生素C 7天，降低小龙虾应激反应。

二是4月份，全程交替拌饲投喂蛭弧菌、EM菌、离子钙等。

三是5月份，全程交替拌饲投喂蛭弧菌、EM菌、离子钙、大蒜素、免疫增强剂等。

四是4月下旬至5月中旬，可使用碘制剂消毒两次。

五是定期泼洒分解底改、微生态制剂，分解秸秆、残饵、粪便，保持水质优良。

六是小龙虾饲养1个月后，规格虾需要及时捕捞上市，稀疏存田虾密度。

9. 捕捞出售

适时捕捞并出售，降低养殖密度，提高商品虾规格，减少小龙虾相互残杀死亡数量，从而提高产量，增加效益。小龙虾饲养1个月左右，可采用9号网眼（网目2.5～2.8厘米）地笼或者10号网眼（网目3厘米）地笼捕捞规格虾上市。地笼设置在稻田平滩的水草空档处。

一般每亩田可设置3～4个小地笼或者1个20米的大地笼，将25克以上的商品虾及时捕捞上市，一般每个虾笼捕捞量在2.5千克以上，必须及时捕捞，捕捞量在0.25～0.5千克/笼，可停1周后再设置地笼捕捞，至6月上中旬小龙虾强行捕捞结束，将水逐渐排入虾沟，然后开始整田移栽秧苗,进入水稻种植和稻虾共作管理阶段。

四 要求与建议

1. 连片种植

香稻作为特殊专用水稻品种,以连片种植为好,在包装、烘晒、运输等环节上要独立操作,以免影响稻米固有的特性。大型米厂加工,以提高香稻的整精米率。

2. 减少化学氮肥的施用

在生产过程中,减少化学氮肥的使用量,增加磷、钾肥的用量,提倡使用生物有机肥。

3. 防治恶苗病、稻瘟病等病虫害

香稻易发生恶苗病和稻瘟病,在整个生产过程中,要加强对恶苗病、稻瘟病等病虫害的防治。

4. 注重打造优质品牌

香稻是一个特色专用水稻品种,依托种植大户进行示范推广,在条件许可的情况下可成立香稻种植专业合作社,抱团发展,实行绿色食品、有机食品认证,打造高端优质虾稻米知名品牌。

第三节　香稻鱼共育技术

一 鱼的养殖

1. 加高、加固田埂

养鱼稻田的四周田埂必须在春耕前用开挖鱼沟、鱼坑的下层硬土进行加高、加宽。田埂高度要达到60厘米,要捶紧夯实,防止崩塌漏水逃鱼。

2. 开挖鱼沟、鱼坑

在养鱼稻田的四周距田埂80~100厘米的地方开挖环田鱼沟,并视田块的大小、形状开挖"十""井""目"字形中心鱼沟,鱼沟深、宽都为50厘米。鱼坑宜设在靠近进水口的田边、田角,也可以设在田中心,亩设1个深100~120厘米,面积5米^{2}以上(视对鱼产量要求而定)的鱼坑;并在鱼沟两侧和鱼坑四周盖上遮阳网,防止泥土坍塌,做到鱼沟、鱼坑连通。

3. 做好拦鱼栅

为了防止逃鱼,在鱼种放养前,须在进、出水口设置拦鱼栅。拦鱼栅的材料可选择聚乙烯网片或铁丝网,网目大小以鱼种不会逃逸为前提。

4. 消毒和施肥

冬、春农闲季节,开挖好鱼沟、鱼坑。旧的鱼沟、鱼坑要加以整修。放养前,每亩用生石灰30千克撒施消毒,一星期后灌足水,并亩施50千克有机肥培肥水质,4~5天后即可投放鱼种进行饲养。投放鱼种前要做好鱼体消毒,将鱼种放在3%~5%的盐水中消毒5~10分钟再放养。

5. 鱼种放养

鱼种:要求规格整齐、肥满度好、游动活泼、无明显伤残病灶。

放养时间:待秧苗返青后(栽插后10~15天)再放入较大规格的鱼种。

放养数量:根据鱼坑的大小、稻田的生态条件、养殖方式(利用稻田天然饵料粗放养殖或是投饵精养),以及鱼种规格大小和产量要求来确定鱼种放养数量。一般每亩稻田可放养3~5厘米的规格鱼种300~500尾。粗放养殖放养数量适当降低,肥水田、精养田放养数量适当加大。

注意事项:一是要注意让鱼种适应田水水温;二是鱼种出现不适应时,及时注入新水;三是要检查出、入水口的拦鱼设施。

6.饲养管理

投饵:稻田中杂草、昆虫、浮游生物、底栖动物等天然饵料可供鱼类摄食,每亩可形成20千克左右的天然鱼量,要达到每亩50千克产量,必须投饵喂鱼。常用的饵料有嫩草、水草、浮萍、菜叶、糠麸和复合颗粒饲料等。投饵要定点、定时、定量,并根据摄食情况调整投饵量。

调节水位和水质:根据水稻和鱼的需要管好稻田里的水,通过排、灌水和施用生石灰,调节水质以满足水稻和鱼的需要。

鱼病防治:应以预防为主,防治结合。做好稻田、鱼沟、鱼坑以及鱼种的消毒工作,管好水质。

安全度夏:要经常清理鱼沟、鱼坑内的淤泥,保证一定深度。鱼坑内种植浮萍等水生植物,除排水、晒田外,应保持稻田一定水位(图3-3,张效忠提供)。

图3-3 稻鱼共育

二 香稻种植

1.稻田的选择

首先要选择水源条件好、无污染、排灌方便,保证在养鱼后不怕缺水,耕作层较深的稻田。耕作层浅的沙土田和漏水田则不宜选用。其次是稻田的地形、地势保证在雨季中不会被大水淹没。

2.稻田合理施肥

施肥要以基肥为主,追肥为辅;以有机肥为主,化肥为辅;合理的稻田施肥,不仅可以满足水稻生长对肥料的需要,促进水稻增产,而且能增加稻田水体中饵料生物量,为鱼类生长提供饵料保障,有利于养鱼增产。

第四节 香稻鳖共育技术

一 稻田选择与建设

1. 稻田选择

要选择保水、保肥良好的稻田,靠近水源,水量充沛,水质清新,无污染,进、排水方便;环境安静、四周开阔向阳、无树木遮蔽。稻田面积3~10亩。

2. 田间建设

沿田块一端开挖鳖养殖池,3亩左右的稻田,养殖池宽10米、长20米,深1.2米、坡比为1:1.5。稻田面积3亩以上的可适当扩大开挖面积,以不超过稻田面积的10%为宜。加固田埂,使其高出田面30厘米以上。用彩钢板建成防逃墙,埋入土内15厘米,高出地面45厘米,用木桩或竹竿支撑固定,略向内侧倾斜,拐角处成弧形。

在养殖池靠近田埂内侧搭建饵料台,台面为水泥预制板或木头等材质,长1.5米、宽0.8米,台面与水面呈小于30°夹角固定于养殖池内。饵料台附近安装频振式杀虫灯1台,灯高于田面1.5米,用于诱杀水稻害虫;每亩稻田安装性诱捕器40个(二化螟性诱装置和稻纵卷叶螟性诱装置各20个);田间均匀布设黄板40个/亩,高出稻株20厘米(图3-4,张效忠提供)。

图3-4 稻鳖共育

二、鳖苗投放

1. 消毒处理

鳖苗投放前10天,养殖池内均匀泼洒生石灰消毒。消毒后注水至秧苗适宜水位。

2. 苗种放养

大田插秧完成后约半个月,待水稻返青后开始投放鳖苗。

鳖苗宜健壮、无伤,平均规格为400~600克/只,密度为30~70只/亩,视饵料供给状况灵活把握。苗种放养前用聚维酮碘20毫克/升浸泡5~8分钟进行消毒。

三、水稻种植

选择茎秆坚硬且较高、耐肥力强、不易倒伏、抗病抗虫力强的品种。5月中旬可采用机插法种植秧苗,种植密度约5万株/亩。

四、种养管理

1. 鳖养殖管理

(1)饵料选择与投喂:鳖为肉食性,宜投喂冰鲜鱼、珍珠蚌肉等动物性饵料或人工配合饲料,人工配合饲料粗蛋白质含量为46%、粗脂肪水平为3%。鳖苗投放2天后开始投喂饵料。按"四定"原则投喂,一般每天上午、下午各投喂1次,将饵料投喂到饵料台上。日投喂量约占鳖重量的2.5%,一般以1.5个小时内吃完为宜,根据天气、水温及鳖摄食情况适当调整。

(2)水位调节和水质调控:每15天加注1次新水,及时补充因蒸发而减少的水量,保持水质清新、溶氧充足。在不影响水稻生长的情况下,可适当加深稻田水位,水位宜控制在田面以上15~20厘米。晒田时排水宜

少量多次。

高温季节,养殖池内每间隔10天使用微生物制剂、生石灰改底、调水1次。

田面定期投放光合细菌、芽孢杆菌、EM菌液等微生态制剂调节水质,保持水体"肥""活""嫩""爽"。

微生态制剂施用方法:在养殖池内投放所需用量的复合菌剂,用微型泵输送至田间。

(3)查监测:早晚巡田,观察鳖的活动、摄食和生长情况,检查有无病鳖,记录养殖日志。检查防逃设施,大风、暴雨天气强化检查,防止鳖出逃。定期对饵料台清洗、消毒,定期检测水体氨氮、亚硝酸盐、pH等指标,并根据检测情况适时调水换水。保持养殖区安静。

(4)鳖病害预防:积极预防,做到早发现、早治疗。病害流行季,加强巡查,发现病鳖或摄食状态不佳,及时查明原因,及时处置。

调控养殖池和田面水体肥度,保持水体透明度为30~40厘米,使水体溶氧在5毫克/升以上,避免因溶氧过低积累氨氮、亚硝酸盐和硫化氢等有害物质。

如长期投喂人工配合饲料,宜适当添加高稳定维生素C、免疫增强剂,提高鳖的体质和免疫力。

2.水稻管理

水稻栽植前每亩稻田施放腐熟畜禽粪肥500~1 000千克培肥土壤,种植过程中追施1次水产专用有机肥。

采用生物、物理等绿色防控技术防治病虫害。虫害发生高峰期,每天夜间开启杀虫灯,及时清理杀虫网和虫袋,用作鳖饵料。在稻纵卷叶螟、二化螟始蛾期布设稻纵卷叶螟、二化螟性引诱剂,并及时清除黄板上的虫体或者更换黄板。

水位管理依水稻不同生长期需水量而定。

五 鳖常见病治疗

1. 鳖穿孔病

常与腐皮病、疖疮病并发,病鳖颈部、背部、腹部、裙边和四肢基部出现点状小凸起,后逐渐增大成疮疖,向外凸出,四周红肿;疮疖表皮溃烂后,内有浓汁状液体流出,带有腥臭味。

发病期间,养鳖池充气增氧,并施用腐皮烂身灵和腮血康各300毫升(池体按面积200米^2、水深1米计),3天后用EM菌液300毫升连续调水2次。饵料中拌入氟苯尼考、三黄散、免疫多糖和维生素C,连续使用5天。

2. 鳖水霉病

病鳖体表背有灰白色或白色絮状物。使用生石灰清塘;用每升含有0.6毫克的水霉净溶液全池泼洒,连续3天,鳖体上的霉菌会自行脱落;用0.04%氯化钠和0.04%小苏打合剂全池泼洒,或用1%~3%的氯化钠溶液洗浴。

3. 鳖腐皮病

病鳖头部、颈部、背腹、裙边、尾部、四肢等处皮肤组织成片变白发黄,进而腐烂坏死,形成溃疡,甚至脱落;病情严重时,颈部肌肉外露,背甲、腹甲和四肢骨露出,脚爪脱落。

放苗时,除规格大体一致外,应将雌、雄鳖分池养殖,避免相互打斗、咬伤。

发现病鳖及时隔离,并在养殖池中用每升水体含2~3毫克生石灰的碳水,反复药浴,连续1个星期,痊愈后重新放回。

第五节 香稻鳅共育技术

一 稻田选择与建设

1. 稻田选择

宜选择水源充足、排灌方便的稻田,水源、水质符合国家渔业水质标准。土质保水性能好,土壤pH在6~8,地形向阳,光照充足。稻田单体面积为3~5亩。

2. 稻田改造

(1)开挖鱼沟和鱼溜:稻田翻耕后,在距离田埂内侧50厘米处沿四周开挖宽60~80厘米、深50~60厘米的环沟,主沟位于稻田中央,鱼沟根据稻田的大小呈"十"字形或"井"字形。

在稻田四周开挖长、宽、深分别为3米、1.5米和1米的鱼溜(集鱼坑),鱼溜与鱼沟相通,鱼沟与鱼溜的面积不超过稻田总面积的10%。

(2)田埂改建:利用鱼沟、鱼溜开挖出的泥土加固、加高田埂。加高田埂时逐层夯实。田埂应高于田面50~60厘米,田埂截面呈梯形,埂底宽80~100厘米,埂顶宽40~60厘米。

(3)进、排水设施:进、排水管使用PVC管,进、排水口分别位于稻田两端成对角,按照高灌低排的原则,进水口应高于水面20厘米,并用90目的长网袋过滤进水。排水口建在稻田的另一端鱼沟低处,用40目筛绢网制成箱式筛罩,以扩大过水面积。在排水口一端的田埂上开设3个溢水口,每个溢水口用40目网片制作拦鱼栅。

(4)防逃设施:沿田埂内侧四周用20目的聚乙烯网片建防逃网,防逃网用竹桩或木桩支撑固定,桩高为1.5米,网片下端入土30厘米,上端要

第三章 香稻共育技术

高出田埂30厘米。

1. 鳅苗培育

（1）环沟消毒：在插秧前15天，每亩稻田施腐熟的畜禽有机肥300～400千克作为基肥。

在鳅苗投放前10天对稻田鱼沟和鱼溜进行消毒处理，每亩用75～150千克生石灰化水均匀泼洒。毒性消失后，注入池水40厘米，每亩鱼沟施腐熟的畜禽有机肥300～400千克，待水色变绿，即可投放鳅苗。

（2）鳅苗投放：鳅苗孵出后2～3天，卵黄囊消失，能自主游泳，鳅苗开口摄食即可下池培育。每亩水面放养60万～80万尾。同一池塘放养同批孵化、规格一致的鳅苗。

（3）鳅苗培育：鳅苗下塘后，每天投喂豆浆，早、中、晚各1次。初期每亩水面日投喂量为1.5千克黄豆所磨豆浆，后期每亩水面每天黄豆用量为2～3千克，投喂量视天气、水温、苗种摄食情况灵活掌握。豆浆培育15天后，逐步替换为泥鳅或甲鱼粉料，鳅苗体长在3～4厘米后，转入成鳅养殖。

2. 成鳅养殖

（1）鳅苗放养：每亩稻田投放体长3～4厘米鳅苗15～20千克。

选用泥鳅专用膨化颗粒饲料，日投喂量为泥鳅总体重的3%～8%。夏季水温高于30℃时，适当减少饲料投喂量。每日投喂2～3次，每次投喂量以30分钟内吃完为宜。

（2）水位、水质管理：鳅苗放养后，稻田水深宜保持在5厘米以上。高温季节，稻田水深应保持在10厘米以上。

适时加注新水，鱼沟和鱼溜的水质要始终保持"肥""活""嫩""爽"，

水色以黄绿色为佳,溶解氧保持在4毫克/升以上,pH保持在6.5~8.5。

(3)日常管理:每天巡田,观察泥鳅摄食活动情况及水稻生长情况。如发现泥鳅经常游到水面"换气"或在水面游动,应及时注入新水并停止追肥。

3.水稻管理

稻田追肥应少量多次。用尿素追肥时,每亩每次用量不超过10千克;用复合肥追肥时,每次用量不超过5千克。施肥应避开泥鳅摄食区和集中栖息区,施肥后及时加注新水。

水稻防病可选用阿维菌素、烯啶吡蚜酮、三环唑、井冈霉素等安全农药,分区域喷施,第1天喷施一半稻田,第2天喷施另一半。

三 病害防治

1.敌害生物防控

苗期主要防范鲤、鲫等鱼类,定期检查进水滤网,防止破损、淤塞,杜绝鱼及鱼卵进入。

成鳅养殖期主要防范鸟类,在喂食区上方架设防鸟网,在鱼沟和鱼溜上方布设反光驱鸟带。

2.泥鳅常见病害防治

(1)车轮虫病:主要危害鳅苗。患病泥鳅沿池边环游不止、狂躁不安,鳃部充血,鳃丝黏液较多,严重时鳃丝残缺。发病后期体表长满大量白点,行动迟缓,可引发批量死亡。发病时,用硫酸铜和硫酸亚铁合剂(5∶2)化水全池泼洒治疗,用量为0.7克/米^3,连用2天;或用苦楝新鲜枝叶煎水后全池遍洒1~2次,35千克/亩。病情严重时,苦参碱溶液和阿维菌素溶液配合使用,用量不变。

(2)小瓜虫病:主要流行于冬、春季,水温15℃以下时易发。病鳅体表黏液增多、布满许多小白点,常浮于水面,喜聚集成团,或静伏池底,发病7天后大量死亡。镜检可见鳃丝充血,体表、鳍、鳃丝上有许多小瓜虫。

喂食区及鱼溜、鱼沟内泼洒过氧乙酸,施用浓度为4克/米³。

正常摄食期间,用青蒿末拌饵投喂可有效预防小瓜虫病,每15天1次,每次用量按0.4克/千克体重。

(3)指环虫病:多发于秋季。病鳅鳃丝黏液增多,镜检每个视野活体指环虫的数量在5个以上,虫后端固着在病鳅的组织上,前端蠕动、伸缩。

用90%晶体敌百虫全池遍洒,用量0.7克/米³;24个小时后换水,第三天用相同浓度再次施用。

(4)腐皮病:多发于春、夏及秋季,冬季发生少,立秋前后为高发期,低温时,常继发感染水霉。

病鳅游动缓慢,食欲减退,严重时停止摄食,尾柄部皮肤变白,失去黏液,严重时肌肉坏死腐烂。

预防措施:鱼溜、鱼沟及时清淤,底泥厚度不宜超过30厘米,放苗前用生石灰等彻底清塘。鳅苗放养前用浓度为15~20毫克/升的高锰酸钾或2~3毫克/升二氧化氯浸泡消毒10~20分钟。

治疗方法:发病初期用10%聚维酮碘全池泼洒,晴天上午施用,隔1天后再施用1次,方法与剂量相同。施药7~8天后全池泼洒20毫克/升的生石灰浆调节水质。

第四章　香稻机收再生稻丰产高效栽培技术

第一节　头季稻管理

一、适时早播

头季稻播种期可提早到3月15—25日。育秧按照机插秧要求采用温室大棚育秧,大田用种量按照每亩2.5~3千克,每亩大田用秧盘23~25个。秧龄控制在25~35天,气温较高时注意揭膜防治烧苗和旺长,同时做好秧苗病虫害防控(图4-1,张效忠提供)。

图4-1　再生稻头季大棚育秧

二、适当密植,插足基本苗

香稻分蘖能力较强,但由于头季前期气温较低,分蘖发生比中稻慢,为保证头季和再生稻两季高产,机械插秧控制密度为1.5万穴以上,平均每穴2~3粒谷秧。育秧大棚秧苗可以在清明前后出棚炼苗,根据气温情况适时移栽。如果气温低不宜过早插秧,秧龄可延迟至35天左右,以防止移栽后发生僵苗。

三 合理施肥

施肥原则为重施基肥、早追分蘖肥、适量追穗肥为原则。$N:P_2O_5:K_2O$比例为$1:0.5:0.9$,对中等肥力的稻田,每亩N、P_2O_5和K_2O用量分别为10~12千克、6千克和10千克。氮肥基肥:分蘖期追肥,穗肥分别为5:2.5:2.5;磷肥全部用作基肥;钾肥作基肥:钾肥、穗肥各50%。插秧7天左右进行追肥混合除草剂除草,幼穗分化后不施除草剂。冬闲田可种植油菜青苗作为绿肥。

四 加强水分管理,科学晒田

头季稻以薄水浅插,田间水层为1~2厘米,分蘖期稻田水层为2~3厘米。当茎蘖数达每亩15万株时(平均每蔸茎蘖数达到10个,快封行时)晒田,晒田原则是田面有小裂、现白根、脚踩不陷,有利稻根下扎。对于低湖田排水不良的状况,建议采用水田开沟机开出围沟和厢沟,以利于晒田和成熟期田坂干硬,以减少头季收割时的收割机碾压造成的稻桩损失。幼穗分化期至齐穗期保持稻田水层为2~3厘米。开花后以干湿干湿交替灌水,收割前10天断水。

五 加强病虫害防治,护秆保芽

叶瘟要在发病初期连防2~3次,穗瘟要着重在抽穗期进行保护,特别是在孕穗期(破口期)和齐穗期是防治适期。抽穗期连续阴雨时注意防治稻曲病,头季在抽穗前6天和始穗时,用30%爱苗450毫升加水900千克/公顷喷雾各1次。同时,还要注意二化螟、稻纵卷叶螟、稻飞虱和纹枯病等病虫害的防治。

六 头季稻收割

头季稻机收前10天断水,保持田面干硬。最好在九成黄时抢晴天收割,尽量减少对稻桩的碾压(图4-2,张效忠提供)。

图4-2 稻桩碾压

第二节 再生稻管理

一 适时适量施用促芽肥,尽早施提苗肥

再生稻促芽肥施用时间掌握在头季稻齐穗后15~20天,每亩追施尿素6千克、氯化钾6千克。如果采用华中农业大学最新研发的再生稻专用肥套餐,促芽肥追施时间可提早到头季稻的齐穗期,每亩施肥量为20

千克。

提苗肥在头季稻收割后3天内施用,可追施尿素6~8千克,或再生稻专用套餐—提苗肥20千克(图4-3,张效忠提供)。

二 适期收割,留中高桩

头季稻收割时留桩高度可根据收割时间适当调整,在8月7日以前收获的留桩高度可适当降低,平均高度为35厘米左右;8月7日至8月15日收获留桩高度为40厘米左右;8月15日以后收获的宜留高桩(45厘米以上,保护好倒2节的再生芽不受伤害),以缩短再生稻的生长期,确保再生稻优质稳产(图4-4,张效忠提供)。

三 水分管理

再生稻水分管理以湿润管理为主。尤其是头季稻收割后注意采用干湿交替,防治秸秆腐烂形成的还原性物质影响再生芽的萌发。

图4-3 再生稻调查腋芽

图4-4 再生稻割茬桩

四 成熟收获

再生稻成熟期参差不齐,如果气温偏暖、后期没有后茬需腾地,可以待大部分再生穗达到九成熟时再抢晴天收割(图4-5、图4-6,张效忠提供)。

图4-5 再生稻

图4-6 再生稻现场会

水稻"一种双机收"栽培技术要把握好以下几个方面的核心环节:

选田择种,适时早播;壮秧移抛,增密足苗;控施氮肥,增施磷钾;统防统治,重防两病;早晒勤露,后期干田;机收留桩,早低晚高;头季促芽,早追提苗;遇冷化控,再生丰收。

第五章 香稻轮作技术

第一节 香稻马铃薯栽培技术

马铃薯别名叫土豆或洋芋。在生产中采取香稻马铃薯连作技术,不仅具有省工、省力、省时,节本、增产、增效的特点,而且对于增加土壤有机质、改善土壤结构、降低病虫害、培肥地力以及增加农民收入都有着重要意义。

一、马铃薯栽培技术

1. 田块准备

马铃薯应选择地势高、耕层深厚、土壤肥沃疏松且排灌良好,并富含有机质的中性或微酸性稻田。种薯播前先清除稻田中的根茬,然后用耕整机划畦开沟,一般在1.3~1.5米,沟宽20~25厘米,沟深约15厘米。开沟时挖起来的泥土应均匀抛在畦中间,不可堆放在沟沿上,畦面整成弓背形以利排水。播种前适当除草,但不可施用除草剂。

2. 科学选用品种

(1)品种选用

一般选用薯块膨大快、结薯早、生育期短、抗病力强的马铃薯新品种,如费乌瑞它、中薯3号、中薯5号、郑薯6号、早大白等;水稻宜采用高

产、优质中熟品种,如臻香丝苗、野香优系列等。

(2)薯种切块

薯种催芽前先切块,目的是节约薯种、打破休眠。小于40克的种薯可整薯催芽,大于40克的薯种宜切块催芽,保证每个切块在30~40克,有1个以上健壮的芽,切口距芽眼1厘米以上,切后用50%多菌灵可湿性粉剂300倍液浸5分钟左右再晾干,或者用草木灰加入4%~8%甲基托布津或多菌灵拌种,以促进切口愈合。切刀用75%的酒精或0.5%的高锰酸钾溶液消毒。

(3)薯种催芽

催芽可以用薄膜覆盖、温床或温室等方法,也可用85%赤霉素1克加水100千克的溶液浸泡薯种15分钟,然后用湿沙催芽,排一层薯种放一层土或沙,最多可堆放3~4层,过厚会伤芽。催芽期间保持15~18℃的温度,温度过高芽会细长;也不宜多浇水,湿度过高易烂薯,待芽长至2厘米左右可取出播种。

3.播种

(1)播种时间

春马铃薯宜在1月中下旬至2月上旬播种,秋马铃薯在8月下旬播种。

(2)播种与密度

播种时薯种应平放在畦面上,种芽向下(贴近地面),稍微用力下压使薯种与土壤充分接触。一般畦宽1米播3行,畦宽1.4米播5行。畦的两边各留20厘米,每亩播5 000~5 500株。

4.施肥

马铃薯根系欠发达,抗旱、耐涝性差,因此需要疏松深厚的土壤环境。马铃薯生物产量高,生长期短,对肥料需求量大,施肥时应重施基

第五章 香稻轮作技术

肥,尤其是多施磷、钾肥,除施一定数量的腐熟农家肥外,每亩根据土壤肥力酌情施45%三元复合肥10千克、尿素5千克、硫酸钾15千克。厩肥可盖施在薯种上也可撒施在畦面上,而复合肥则应施在离薯种5厘米的行间,不能让复合肥与薯种直接接触或太靠近,以防造成烂薯缺苗。

5.覆盖稻草

播种后立即用稻草整齐覆盖,稻草宜与畦面呈垂直方向双向覆盖,每亩用稻草约1 250千克,盖草时应轻轻拍实不能留空隙,厚度一般以10~12厘米为宜。稻草过厚,不但出苗迟缓,而且会导致茎基细长软弱;稻草过薄,容易漏光而使绿薯率上升。稻草覆盖结束后可用清沟的泥土压盖,目的是防止稻草被大风刮乱。稻田覆盖种植马铃薯新技术有利于秸秆还田,为马铃薯生产提供养分,为下作水稻提供了良好的有机肥料。此种植技术从整地至收获无须喷施化学除草剂和农药,是一项生产安全食品的技术。不但简便易行、省工省力,而且破损率低且商品性好,是一项实用栽培技术。不仅有利于冬闲田的利用,减少稻田冬季抛荒,而且还能增加农民收入。

需地膜覆盖的,每亩先用芽前除草剂全田均匀喷雾,然后用幅宽120厘米的无色透明地膜覆盖全畦,四周用土压实;不覆地膜的田块,只需喷雾芽前除草剂即可。

用地膜覆盖的稻田,当幼苗开始顶膜时,应在出苗处将地膜破小口将幼苗引出。

6.水分管理

稻草覆盖马铃薯不需要中耕除草或追肥,但必须做好水分管理。一般而言自然降水基本上能满足种薯需求,不过由于新稻草吸收水分少、吸收速度慢,而且容易干燥使薯苗受旱。特别是薯块膨大期,地上部分蒸腾旺盛,地下茎部生长迅速,这时需水量最多,宜采用小水顺畦沟灌使

水分慢慢进入畦内,并及时排水保持土壤湿润状态,以促进块茎膨胀,同时也有利于稻草的腐熟。

7.病虫害防治

马铃薯主要的病害有早疫病、晚疫病、黑胫病,虫害主要有蚜虫、二十八星瓢虫,应及时防治。

8.适时收获

早熟品种一般出苗后60～70天可收获,待茎叶黄熟时就可以开始收获。本办法栽培的马铃薯,70%的薯块会在土层以上、稻草以下,收获时只需拨开稻草即可拣薯。薯块可以一次性收完,也可以分批次收获。将稻草拨开拣掉大薯块后,再盖上稻草让小薯继续生长,这样既能选择最佳薯形及时上市,又能获得高产量,提高马铃薯的经济效益。要大力推广马铃薯播种机、收获机、起垄机等农业机械的应用,实现农艺与农机的有机结合,以降低成本、提高劳动生产率、减轻劳动力作业强度。

二 香稻栽培技术

为使广大种植户全面了解掌握香稻品种的种植特性,持续获得高产、稳产,发挥香米品种的经济效益,在栽培上要采取如下技术措施:

1.播种时间

在6月初至6月25日之前播种完毕,在适宜的播种期内播种能进一步提升香稻品种的米质,同时最大限度规避高温、低温对品种结实率的影响。秧龄控制在25天以内,栽插嫩、壮秧,忌秧龄过长。

2.亩播种量

香稻系列品种多属于多穗型,有效穗的多少直接影响产量的高低。一般而言,手工移栽要求亩用种量1 000克以上,机插和直播每亩用种2 000克以上,做到均匀播种。

第五章 香稻轮作技术

3. 种子消毒

浸种时,用25%咪鲜胺1包(2毫升)加清水3~4千克,可浸种1.5~2千克,用以消灭种子上的多种病菌,减轻发病机会。

4. 科学施肥

高档优质香稻不用尿素或少用尿素,以45%复合肥为主,采用底肥施足,追肥要早,促使秧苗早生快发,后期壮秆、转色好。

①移栽田:亩施底肥(45%复合肥)25~30千克;移栽返青后(一般指的是移栽后5~7天)亩施复合肥10千克+5千克尿素或10~15千克复合肥;在分蘖末期晒田复水后,亩施氯化钾10千克。

②直播田:亩施底肥(45%复合肥)25~30千克;3叶1心期(播种后10天左右)亩施追肥45%复合肥10千克+5千克尿素或10~15千克复合肥(如果不施底肥,可在2叶1心期施45%复合肥25千克/亩;第二次追肥在4叶1心期施45%复合肥10千克+5千克尿素)。在分蘖末期晒田复水后亩施钾肥10千克。具体肥料用量可根据田块肥力水平酌情增减。

5. 直播田防倒伏措施

措施1:播种后1~3天亩用15%的多效唑80克拌封闭除草剂一同均匀喷施,不可重复喷药。

措施2:播种后40天左右,进入分蘖盛期(也就是第一次大田防虫的时候),亩用15%多效唑150~180克+二甲四氯30~50克拌治虫农药一同喷施。

措施3:够苗后及时晒田(在播种后40~50天),重晒至田开裂,不陷脚,白根跑满田,叶片要褪色。

措施4:或者使用野香优保姆、云众地硅锌肥、调环酸钙等有化控、壮秧效果的产品。

6.科学管水

分蘖期浅水勤灌,足苗后排水晒田,幼穗分化期浅水常灌,抽穗扬花期保持水层,灌浆乳熟期干湿交替。

7.病虫害防治

前期主要防治稻纵卷叶螟、稻蓟马,中后期主要防治纹枯病、稻瘟病、稻飞虱、螟虫等。

8.收割晾晒

九成熟即可收割,收割后要及时晾晒或烘干,禁止堆沤。如采用烘干,则要低温慢烘,烘干温度不能超过50℃,否则易"爆腰",严重影响稻米品质,从而影响收购价格。

第二节 香稻烤烟栽培技术

香稻从2018年开始在歙县皖南烟区试种,取得了很好的效益。为了发展皖南优质烤烟,满足优质烟需水的灌溉条件,避免旱地烟生长中后期往往遭到大旱和青枯病的严重威胁,大部分烤烟都种植到水田里,实行春烟与晚稻连作。这样,既改善了烤烟的灌溉条件,同时也减轻了青枯病的发生和危害。

一 烤烟栽培技术

1.精细整地,施足基肥

整地前应进行土壤改良与消毒杀虫,方法是:晚稻收割后整地前亩施生石灰或白云石粉50～60千克,灌水后浸泡3天,既改善了土壤结构又起到了杀虫、消毒之功效。适时起垄,亩施腐熟有机肥或农家肥1 500

千克、钙镁磷肥和尿素各5千克、过磷酸钙40千克、硫酸钾15千克作为基肥。田块经消毒、深耕、翻晒后,整成单垄高畦,畦高30厘米。

2.选好品种,适时定植

种植烤烟前要全畦覆盖地膜,进行单行膜上移栽。每亩种植密度为1 100~1 300株。选择当地适宜的品种。

3.合理密植,精心管理

种植烤烟后要浇足定根水,保证烤烟成活率。如气温高、水分蒸发快,土壤过于干燥,白天地膜底面无凝结水珠,应沟灌水1次,保留畦底1/2水位。立春后烤烟陆续团棵拔节,此期亩施用过磷酸钙和碳酸氢铵各2~5千克,对水后可直接在地膜上的种植孔处浇施。

4.科学灌水,合理追肥

烤烟喜温怕旱,整个生育期要保持土壤湿润,特别是拔节后气温日渐升高,要勤灌小水,促进根系生长,满足烤烟生育期对水分的要求。长到4~5片叶时,开始进入旺盛生长阶段,叶面积迅速增大,需水较多,同时此期要适当控制水分,以防高温、高湿造成病虫害的发生。在拔节期以后则要供给充足水分。

烤烟需肥量大,除施足基肥外,一般要追肥3次。第一次为提苗肥,展叶后亩施尿素10~12千克、过磷酸钙15~20千克,混合均匀后对水浇施,促进根系生长发育;第二次追肥在3~4叶期,结合培土亩施尿素10千克、三元复合肥15千克,为烤烟的迅速生长提供充足的养分;第三次追肥在拔节期,结合提沟培土重施,亩施烟草专用肥25千克、硫酸钾10千克,此期是烤烟生长旺期及烟叶迅速膨大盛长期,追肥是提高产量与质量的关键所在。

5.预防病害,防治虫害

烤烟的病害主要有花叶病和病毒病,要以预防为主。在发病时,可

用8%宁南霉素水剂15克/桶,或用病毒特100克/4桶喷雾防治。虫害主要有蚜虫、斜纹夜蛾、蛴螬、红蜘蛛等,防治可用40%乐果乳剂500～1 000倍液、80%敌敌畏1 000～1 500倍液,或50%辛硫磷2 000倍液喷雾。

注意成熟度,及时采收。烤烟一般是在六七月份采收,应根据烤烟成熟度,及时采收与烘烤。

二 水稻栽培技术

1. 播种和秧田管理

6月20日播种,以每亩3千克的播种量,通过机械育秧制成每亩24个秧盘,播种时,用"高巧"和"卫福"拌种,以达到壮苗和防病的作用。等到秧苗出齐后移至秧田。秧苗前期可喷洒"咪鲜胺"杀菌防病,同时可加入适量的叶面肥料。如果秧苗黄瘦,可用100～150克尿素对水15千克进行喷洒。

2. 大田准备和移栽

7月12日移栽。可在移栽前1～2天喷洒送嫁药,此时的药量可以是平时大田的3倍。

提前准备好大田,基肥可撒施45%含量的复合肥30～40千克,在大田平整时要用封闭除草剂撒入田中,待大田平整好后关水一整天,以达到封草的效果,第二天即可放水机插。

3. 大田管理

机插后2天可放入浅水,7天时放满水,用10千克尿素拌除草剂均匀撒施,以达到提苗和除草的效果。

在营养生长向生殖生长转变时要施药1次,主要防治螟虫,预防稻瘟病,兼治稻飞虱,适当可加入一些叶面肥。

当水稻进入生殖生长期,在幼穗分化2～4叶期时,可用10千克左右高氮、高钾复合肥作为穗肥看苗情撒施,以提高穗长和千粒重。

在水稻破口前7天施药1次,主要防治螟虫,预防穗期病害,兼治稻飞虱。此时也是预防稻曲病的关键时期,期间若天气不好,等水稻齐穗后还要补防1次。齐穗后,密切关注稻田稻飞虱,若达到防治指标一定要及时打药。此时田间水应干湿交替为宜。

三 重点事项

1. 病虫害防治

根据皖南烟后稻生长实际情况,水稻秧苗生长过程中容易出现叶瘟,在水稻种植早期容易发生。所以,在水稻秧苗移栽之前,需要用氧化亚铜、阿苯达唑乳油、三环唑可湿性粉剂、咪鲜胺乳油等药剂按一定比例混合喷施防治叶瘟。

2. 注意事项

由于是烟稻连作,氯离子很容易被烟草吸收,而且吸收后会对烟叶品质,尤其是燃烧性产生较大不良影响,因此,烟后稻种植期间禁止施用含氯肥料、农药、除草剂,特别是二氯喹啉酸类除草剂。

第三节 香稻蔬菜栽培技术

一 菜—稻种植模式

菜—稻连作制度是以生产适销对路的无公害绿色农产品为目标,种好优质稻米为基础,建好多膜大棚为前提,配置多品种瓜菜类为重点的周年粮—经结合的复种连作制度。以冬、春季棚架多层覆膜,确保作物生长光温条件。利用间作套种和立体的支架栽培,配置不同科属作物、

生育的季节差、土地利用的时间差、集约育苗的时空差,达到作物种群优势互补,各取所需。

1.合理安排茬口

大棚作物冬春季栽培,即从11月份至翌年6月份,水稻种植季节为6月份至10月份。

(1)"大棚莴笋—西瓜—丝瓜—瓠瓜—晚稻"种植模式:第一茬莴苣,在9月中旬至10月上旬播种,10月下旬至11月初定植,翌年1月份至2月份采收;第二茬西瓜,则在1月~至2月份播种(莴苣采收前1个月),2~3月份定植,5~6月份采收;第3茬间作丝瓜或瓠瓜,于1月份播种,2~3月份间作于瓜行的大棚两边,4~6月份底采收,接茬晚稻于5月底至6月初播种,6月下旬移栽,10月底收获。

(2)"大棚草莓—西瓜—晚稻"模式:第一茬为草莓,一般于9月中旬定植,12月份至翌年3月份初采收;第二茬种植西瓜,于2月初播种,3月初定植,5月中旬到6月份采收;接茬晚稻早熟品种。

2.品种选择

选择耐寒性好、早熟、优质、抗病、适销对路的品种,如"杭茄一号"茄子、"拿比特"西瓜、翠绿甜瓜、"竹叶青"莴苣等。

3.搭建大棚

越冬栽培的大棚覆盖材料应选用高透光、高保温、流滴性好的EVA膜或含EVA成分高的多功能农膜。生产管理过程中还需加强光照管理,在利于保温的前提下,尽早揭膜,多见光,延长受光时间,白天适时将大棚内覆盖物揭开。

4.低温期多层覆盖保温

茄果类、瓜类蔬菜越冬栽培采用多层覆盖保温技术,能提高大棚内部夜间温度,有效克服冬季低温障碍。多层覆盖保温是经济有效的保温措施,加上使用高保温EVA大棚薄膜,冬季夜间棚内外温差可达5℃,保温效果较为理想。内保温覆盖材料除薄膜外,还可用草帘、遮阳网等。

5. 合理施肥

合理施肥是瓜果蔬菜稳产、高产的基础,提高瓜果蔬菜品质尤其要重视有机肥和无机肥结合、速效肥与迟效肥结合,氮、磷、钾肥合理施用,以满足瓜果蔬菜作物生长发育所需。

6. 应用高效节水微灌技术

大棚蔬菜生产中传统灌溉方式不利于优质高产,且易引发蔬菜病害,应用微灌技术进行灌水,不仅灌溉质量高,还能降低大棚内空气湿度、减轻瓜果蔬菜病害的发生,具有节水省工、优质高产高效的良好效果。

7. 增施二氧化碳

二氧化碳(CO_2)是植物进行光合作用制造养分的原料,越冬大棚瓜菜生产中大棚经常密闭,棚内二氧化碳(CO_2)亏缺较为严重,大棚蔬菜施用二氧化碳(CO_2)气肥,具有促进蔬菜生长发育、改善品质、提高产量、提高作物抗病能力等作用。

（二）西瓜—稻种植模式

危害西瓜生长的土传病害主要为枯萎病,一般常规栽培条件下每隔6年需轮作1茬。采用西瓜—水稻水旱轮作可2年栽培1茬西瓜,比常规栽培缩短4年。

1. 品种选择

西瓜品种:选择自雌花开放到瓜成熟28天左右的春季早熟品种,如早佳8424、京欣2号、苏蜜6号等;水稻品种选择中迟熟、抗性强的优质高产品种。

2. 播期安排

西瓜：惊蛰播种，清明移栽定植。苗龄30~35天，生理苗龄3叶1心至4叶时定植。水稻：5月中下旬工厂化集中育秧，6月上旬机插。

3. 西瓜栽培技术

(1)培肥土壤：机插秧水稻适期收获后，在土壤适耕期进行耕翻晒垡，冬季冻融。早春土壤解冻时施优质腐熟有机肥2 000千克/亩，与耕层20~25厘米深土壤充分旋耕均匀。西瓜移栽定植前10~15天，施45%硫酸钾型氮磷钾复合肥25~30千克/亩、尿素10~15千克/亩。全层旋耕均匀施入20~25厘米深土壤。按行距1.8~2米起垄，垄高25厘米左右，龟背形隆起。之后土壤表面喷施48%仲丁灵150~200毫升/亩，覆0.015毫米厚农膜，用竹片搭成拱高0.8米、宽1米的小拱棚，上覆0.6毫米厚无滴膜。四周用土封实，有利于土壤蓄温保温，待定植。

(2)种子处理：浸种前选晴好天气晒种2天，后用55℃温水浸种15分钟，捞出放入20~25℃的水中浸8~12个小时，再搓去种子表面胶状物，种子充分吸足水后捞出沥干，用洁净的纱布包好放在25~30℃的温度下保温保湿催芽，经2~3天后70%~80%的种子露白即可播种。

(3)育苗：近年使用拱形大棚采用三膜一苫加地热线育苗，比以往使用日光能温室或加温型温室育苗素质好。在播种前20天，选地势高、排水通畅、阳光充足、交通便利的地块，建造南北走向大棚，跨度6~7米，高2.2~2.3米，长度30~50米，同时建好大棚内二道棚。二道棚与大棚之间留有30厘米空间，形似水瓶胆状。

大棚膜用1毫米无滴耐老化膜，二棚膜用0.4毫米无滴膜。内分2畦，宽1.3~1.5米，两畦外缘距离大棚底角1~1.2米，中间留有0.8~1米走道。畦下30~40厘米深处布地热线。

在播种前10~15天用育苗基质或用配制好的营养土装满8厘米×8

厘米或8厘米×10厘米的塑料钵子,依次整齐排列在育苗畦上。在播种前天上午浇足底水,第二天上午每钵播种1粒有芽种子,覆盖营养土厚度为0.3~0.5厘米,随即覆盖地膜。当天搭好小拱棚,每3米预装100W灯泡1个,遇弱光白天补充光照。覆盖0.6毫米厚无滴膜,夜晚小棚上覆盖草苫或棉毡。

(4)苗床管理:播后苗前床温白天保持在25~30℃,夜间不低于18℃。正常天气时早上8点揭去小棚上的草苫,下午日落前重新盖好,促幼苗出土,一般5天可齐苗。幼苗出土后及时揭去地膜,降低温度和湿度,培育壮苗。移栽前炼苗,加大通风量使瓜苗适应外界气候条件。

(5)定植:西瓜秧苗3叶1心至4叶时移栽定植,定植密度以700~800株/亩为宜。定植时按株距破膜打洞、定植。

(6)肥水管理:西瓜是耐旱植物,开花前对肥水要求不多,开花后对肥水需求量增加,尤以膨瓜期对肥水要求强烈,需肥、需水量最多。因此,在开花结果期要追肥浇水满足膨瓜期对水分的需求。

(7)株型调整:株型调整可调节植株生长,改善光照,增强植株间通风,减少病虫害,促进坐瓜。主要通过扳蔓、整蔓、压蔓、整枝等技术实现,以提高产量。

(8)人工辅助授粉:在主蔓第二个或第三个雌花中选一个子房大而正、瓜柄直而粗的雌花,于早上6:00~8:00进行人工授粉。

(9)病虫害防治:主要防治炭疽病、疫病、蔓枯病、角斑病、花叶病毒病、白粉虱、瓜蚜、黄守瓜等。主要使用药剂有70%甲基托布津可湿性粉剂、72.2%普力克水剂、72%克露可湿性粉剂、20%病毒A可湿性粉剂、25%噻嗪酮可湿性粉剂、2.5%功夫乳液等。

三 其他种植模式与关键技术

1. 水稻—四樱萝卜—甜瓜模式

水稻于4月底育苗,6月上旬移栽,10月初收获。四樱萝卜于12月初整地播种,用宽4米的塑料中棚覆盖栽培,第二年3月中旬收获上市。甜瓜于2月上旬在拱棚内多层覆盖育苗或在日光温室内育苗,3月中下旬移栽到中棚内,5月中下旬采收上市。

2. 水稻—菠菜—早春萝卜—西瓜模式

2月上旬整地做畦,畦宽1.2~1.3米,垄宽0.6~0.8米,垄高0.2米,畦面播种早春萝卜,实行拱棚覆盖栽培,4月底采收上市。西瓜于3月底采用中棚双膜覆盖育苗,4月中下旬套栽于预留垄顶,7月初采收上市。水稻于6月初肥床旱育秧,7月初西瓜收获结束后整地移栽,10月中下旬收获。水稻收获前15~20天控水套种菠菜,元旦前后分批上市,1月底收获结束。

3. 水稻—西芹—番茄模式

水稻于4月底肥床旱育秧,6月初移栽,9月下旬收获。西芹于7月下旬育苗,10月上旬移栽,10月底气温降低、寒流到来前建中棚覆盖保温,元旦和春节前后分批采收上市。番茄于11月下旬至12月上旬采用温室加小棚保温育苗,2~3叶期分苗于大钵中,2月上中旬移栽于棚内,4月下旬至5月底采收上市。

4. 水稻—小青菜—马铃薯模式

水稻于4月底肥床旱育秧,6月上旬移栽,10月初收获。小青菜于水稻收获后整地播种,元旦前后采收上市;马铃薯于2月中旬播种,实行地膜覆盖栽培,5月下旬采收上市。

5. 水稻—青蒜/菠菜—青毛豆模式

水稻于5月初旱育秧,6月中旬移栽,10月初收割。水稻腾茬后,整地做成宽3.33米的田套田,10月中旬在畦中间及两边各做宽60厘米的播幅,播幅间预留宽65厘米的空幅,每个播幅播种5行青蒜,行距15厘米,株距4厘米。然后在预留空幅内播种菠菜或移栽小青菜,青蒜和菠菜于12月开始上市,3月上旬上市结束。3月中旬采用地膜覆盖播种青毛豆,于6月初采摘上市。

6. 水稻—地膜大蒜高效轮作模式

水稻于4月下旬肥床旱育秧,5月底抢茬移栽,10月初收获。大蒜于水稻收获后整地播种,实行地膜覆盖栽培,5月下旬适时收获。此种模式,水稻可以提早栽插,茬口好,产量可达650千克/亩。大蒜由于上茬为水生作物,并实行地膜覆盖栽培,因而蒜头大、色泽好、产量高,级内蒜比重大幅度提高。

7. 水稻旱秧—豇豆—蒜苗—西葫芦模式

水稻旱育秧于5月上旬整地播种,6月上旬起苗移栽。豇豆于6月下旬露地直播,8月中旬至9月中旬采收上市。蒜苗于9月下旬整地播种,元旦至春节期间分批上市。西葫芦于1月中下旬利用日光温室保温育苗,2月中下旬定植于大棚内,3月底至5月上旬陆续采收上市。

参 考 文 献

[1] 李泽福,张效忠.水稻品种志(安徽卷)[M].北京:中国农业出版社,2019.

[2] 吴文革,许有尊.优质水稻绿色生产模式与技术[M].合肥:合肥工业大学出版社,2020.

[3] 李成荃.安徽稻作学[M].北京:中国农业出版社,2008.

[4] 吴文革.水稻科学栽培技术[M].合肥:安徽科学技术出版社,2012.

[5] 张培江.优质水稻生产关键技术百问百答[M].北京:中国农业出版社,2005.

[6] 吴文革,钱坤,陈周前.水稻优质清洁生产理论与技术[M].合肥:安徽科学技术出版社,2007.

[7] 金千瑜,禹盛苗,欧阳由男,等.2004.中国稻-鸭农作系统发展概况与稻鸭共育技术研究[C]//赵振祥.第四届亚洲稻鸭共作研讨会论文集.镇江:镇江市科技局:1-6.

[8] 袁隆平.杂交水稻学[M].北京:中国农业出版社,2002.

[9] 熊振民,蔡洪法.中国水稻[M].北京:中国农业科技出版社,1992.

[10] 费槐林.水稻优质高产技术栽培优质问答[M].北京:科学普及出版社,1996.

[11] 段玲玲,彭望袁.水稻栽培技术300问[M].北京:中国农业出版社,1997.

[12] 李文新,侯明生.水稻病害与防治[M].武汉:华中师范大学出版社,2002.

[13] 陈树仁,高智谋,李桂亭.水稻病虫草害防治图册[M].合肥:安徽科学技术出版社,1995.

[14] 吴文革,张健美.杂交中籼水稻机插"平衡栽培"技术研究[J].中国稻米,2009(5):32-37.

[15] 胡春燕,焦建国.水稻臻香丝苗在不同栽培模式下的产量及效益分析[J].现代农业科技,2020(12):12-13,17.